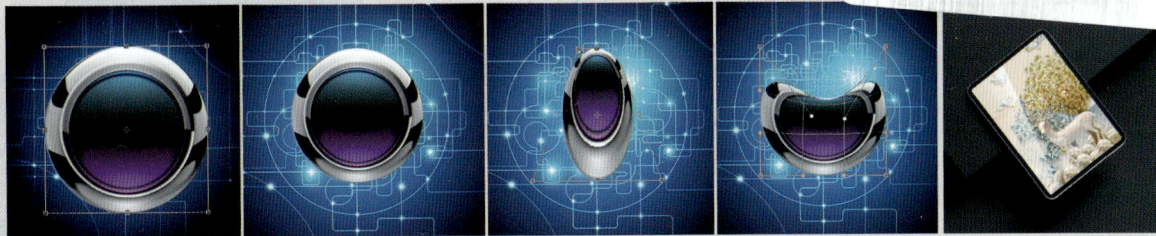

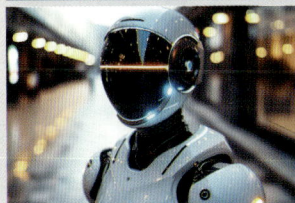

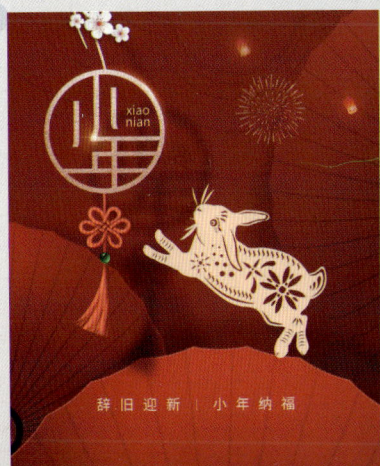

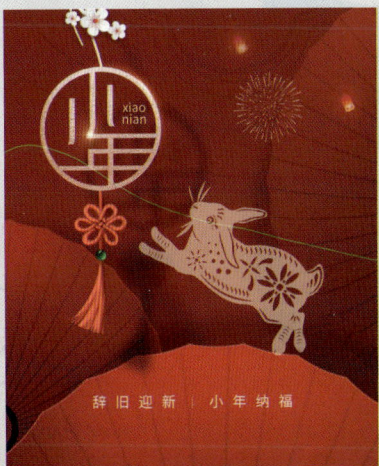

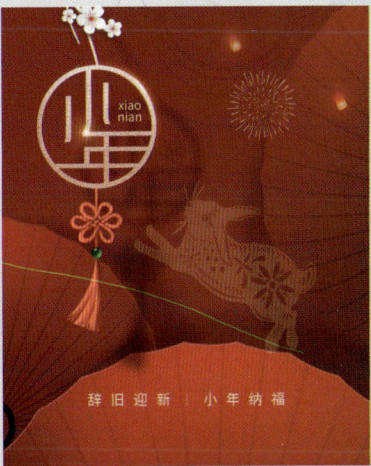

书中精彩案例欣赏

小粉瓶珠光保湿乳液，一拍油光，一抹清透，混油皮挚爱。七天见证，改善水油平衡，细致毛孔，透亮光泽，弹润柔滑。首次添加抗皱成分，能够有效延缓衰老，并能解决熬夜带来的细纹、皮肤干燥等问题。
BRAND
科技引领未来
AI技术分享讨论会
AI
雪娃娃的快乐
全屋定制
品牌家具 狂欢特卖会
WE NEED YOU
创意总监
CREATIVE DIRECTOR
新媒体编辑
NEW MEDIA EDITOR
聘
JOIN US
福

高等院校多媒体专业通用教材

焦青亮　孙同日　张　弓　编著

Photoshop 2025
平面设计案例教程（微课版）

清華大學出版社
北　京

内 容 简 介

Photoshop 2025 是 Adobe 公司推出的最新版本图形图像处理软件,其功能强大、操作方便,是当今功能最强大、使用范围最广的平面图像处理软件之一。Photoshop 以其良好的工作界面、强大的图像处理功能以及完善的可扩充性,成为摄影师、专业美工人员、平面广告设计者、网页制作者、效果图制作者以及广大计算机爱好者的必备工具。

本书共分 12 章,第 1~11 章为 Photoshop 的软件知识,在软件知识的讲解中配以大量实用的操作练习和实例,让读者在轻松的学习过程中快速掌握软件技巧,同时能够对软件知识学以致用。第 12 章主要讲解 Photoshop 在平面设计领域的综合案例。本书虽然以最新版本 Photoshop 2025 进行讲解,但是其中的知识点和操作方法同样适用于 Photoshop 多个早期版本的软件。

本书内容翔实、结构清晰、文字简洁流畅、实例丰富精美,适合 Photoshop 初中级读者使用,也适合作为高等院校平面设计专业、Photoshop 培训班的教材,还可供照片处理和平面设计爱好者参考。

本书配套的电子课件、实例源文件和素材可以到 http://www.tupwk.com.cn/downpage 网站下载,也可以扫描前言中的二维码获取。扫描前言中的视频二维码可以直接观看教学视频。

图书在版编目 (CIP) 数据

Photoshop 2025 平面设计案例教程:微课版 / 焦青亮,
孙同日,张弓编著 . -- 北京:清华大学出版社,
2025. 6. -- (高等院校多媒体专业通用教材).
ISBN 978-7-302-69401-4

Ⅰ . TP391.413

中国国家版本馆 CIP 数据核字第 2025UL6207 号

责任编辑:胡辰浩　袁建华
封面设计:高娟妮
版式设计:妙思品位
责任校对:成凤进
责任印制:丛怀宇

出版发行:清华大学出版社
　　　　网　　　址:https://www.tup.com.cn,https://www.wqxuetang.com
　　　　地　　　址:北京清华大学学研大厦A座　　　　　　邮　　编:100084
　　　　社 总 机:010-83470000　　　　　　　　　　　邮　　购:010-62786544
　　　　投稿与读者服务:010-62776969,c-service@tup.tsinghua.edu.cn
　　　　质 量 反 馈:010-62772015,zhiliang@tup.tsinghua.edu.cn
印 装 者:三河市铭诚印务有限公司
经　　销:全国新华书店
开　　本:185mm×260mm　　　　印　　张:14.25　　　插　页:2　　字　　数:365 千字
版　　次:2025 年 7 月第 1 版　　　　印　　次:2025 年 7 月第 1 次印刷
定　　价:89.80 元

产品编号:106014-01

　　Photoshop 是 Adobe 公司推出的图形图像处理软件，其功能强大、操作方便，是当今使用范围最广的平面图像处理软件之一。Photoshop 也是摄影师、专业美工人员、平面广告设计者、网页制作者、效果图制作者以及广大计算机爱好者的必备工具。

　　本书的读者对象为 Photoshop 的初中级读者，本书从图像处理初学者的角度出发，合理安排知识点，运用简练流畅的语言，结合丰富实用的实例，由浅入深地对 Photoshop 图像处理功能进行全面、系统的讲解，让读者在最短的时间内掌握其最核心的知识，迅速成为图像处理和设计高手。本书共分为 12 章，具体内容如下。

　　第 1、2 章主要讲解 Photoshop 的基础知识、图像文件的操作、调整图像、编辑图像，以及图层的基本操作等。

　　第 3、4 章主要讲解 Photoshop 图像色彩的调整、选区的创建和编辑等。

　　第 5 章主要讲解 Photoshop 中图层的高级应用，包括图层样式、图层混合模式的设置等。

　　第 6~8 章主要讲解路径和图形的绘制、图像的绘制与编辑，以及文字的输入和编辑等。

　　第 9、10 章主要讲解滤镜、通道和蒙版的应用，包括常用滤镜的设置和应用、滤镜库滤镜和其他滤镜的应用，以及创建通道的基本操作和蒙版的使用等。

　　第 11 章主要讲解动作和批处理图像的操作，以及图像的输出和打印等相关知识。

　　第 12 章详细讲解使用 Photoshop 进行平面设计方面的综合实例。

　　本书内容丰富、结构清晰、图文并茂、通俗易懂，适合以下读者学习使用。

　　(1) 从事平面设计、图像处理、照片处理的工作人员。

　　(2) 对广告设计、图片处理感兴趣的业余爱好者。

　　(3) 社会培训班中学习 Photoshop 的学员。

　　(4) 高等院校相关专业的学生。

　　本书由黑河学院的焦青亮、孙同日和齐齐哈尔大学的张弓合作编写完成，其中焦青亮编写了第 1、2、4、5 章，孙同日编写了第 3、6、9、12 章，张弓编写了第 7、8、10、11 章。由于作者水平有限，书中难免有不足之处，恳请专家和广大读者批评指正。在编写本书的过程中参考了相关文献，在此向这些文献的作者深表感谢。我们的电话是 010-62796045，邮箱是 992116@qq.com。

　　本书配套的电子课件、实例源文件和素材可以到 http://www.tupwk.com.cn/downpage 网站下载，也可以扫描下方左侧的二维码获取。扫描下方右侧的二维码可以直接观看教学视频。

扫码推送配套资源到邮箱　　　　　　　　　扫一扫，看视频

编　者

2025 年 3 月

目录 CONTENTS

第1章 Photoshop 快速入门

　　想要踏入图像处理的奇妙世界，Photoshop 无疑是最佳选择。在学习Photoshop之前，首先需要掌握图像处理的基本概念、色彩模式以及软件的工作界面布局。同时，熟练进行文件操作和辅助工具设置也是必不可少的。这些基础知识和技能的掌握，不仅有助于全面理解Photoshop的功能体系，更能为后续的深入学习奠定坚实基础。

1.1 图像基本概念

　　Photoshop是一款专门用于图形图像处理的软件。在学习该软件操作技能之前，首先应该对图像的基本概念有一定的认识，如位图、矢量图、像素、分辨率、色彩模式等。

1.1.1 位图

　　位图也称为点阵图像，是由许多点组成的。其中每一个点即为一像素，每一像素都有自己的颜色、强度和位置。将位图尽量放大后，可以发现图像是由大量的正方形小块构成的，不同的小块上显示不同的颜色和亮度。位图图像文件所占的空间较大，对系统硬件要求较高，且与分辨率有关。

1.1.2 矢量图

　　矢量图是以数学的矢量方式来记录图像内容的，其中的图形组成元素被称为对象。这些对象都是独立的，具有不同的颜色和形状等属性，可自由、无限制地重新组合。无论将矢量图放大多少倍，图形都具有同样平滑的边缘和清晰的视觉效果，显示效果如图1-1所示。

(a) 原图 100% 效果　　　　　　　　　　　　(b) 放大后依然清晰

图 1-1　矢量图的显示效果

1.1.3 像素

像素是Photoshop中所编辑图像的基本单位。可以把像素看成是一个极小的方形的颜色块，每个小方块为一像素，也可称为栅格。

一幅图像通常由许多像素组成，这些像素被排列成横行和竖列，每一像素都是一个方形。用【缩放工具】 🔍 将图像放到足够大时，可以看到类似马赛克的效果，每个小方块即为一像素。每一像素都有不同的颜色值。文件包含的像素越多，其所包含的信息就越多，所以文件越大，图像品质越好。

1.1.4 分辨率

图像分辨率是指单位面积内图像所包含像素的数目，通常用像素/英寸和像素/厘米表示。分辨率的高低直接影响图像的效果，使用太低的分辨率会导致图像粗糙，在排版打印时图片会变得非常模糊，而使用较高的分辨率则会增加文件的大小。图1-2所示为不同分辨率的图像效果。

(a) 分辨率为 300 (b) 分辨率为 50

图 1-2 不同分辨率的图像效果

1.1.5 图像格式

Photoshop 2025共支持20多种格式的图像，使用不同的文件格式保存图像，对图像将来的应用起着非常重要的作用。用户可以根据不同的工作环境选用合适的图像文件格式，以便获得最理想的效果。下面介绍一些常用图像文件格式的特点和用途。

● PSD(*.psd)：PSD 图像文件格式是 Photoshop 软件生成的格式，是唯一能支持全部图像色彩模式的格式。PSD 格式的文件可以保存图像的图层、通道等许多信息，PSD 格式是在未完成图像处理任务前的一种常用且可以较好地保存图像信息的格式。

● TIFF(*.tif)：TIFF格式是一种无损压缩格式，是为色彩通道图像创建的最有用的格式。因此，TIFF格式是应用非常广泛的一种图像格式，可以在许多图像软件之间转换。TIFF格式支持带Alpha通道的CMYK、RGB和灰度文件，支持不带Alpha通道的Lab、索引颜色和位图文件。另外，它还支持LZW压缩。

● BMP(*.bmp)：BMP格式是微软公司软件的专用格式，也就是常见的位图格式。它支持RGB、索引颜色、灰度和位图颜色模式，但不支持Alpha通道。位图格式产生的文件较大，是通用的图像文件格式之一。

- JPEG(*.jpg)：JPEG是一种有损压缩格式，主要用于图像预览及超文本文档，如HTML文档等。JPEG格式支持CMYK、RGB和灰度的颜色模式，但不支持Alpha通道。在生成JPEG格式的文件时，可以通过设置压缩的类型产生不同大小和质量的文件。压缩比越高，图像文件就越小，图像质量也越差。
- GIF(*.gif)：GIF格式的文件是8位图像文件，最多为256色，不支持Alpha通道。GIF格式产生的文件较小，常用于网络传输，在网页上见到的图片大多是GIF和JPEG格式。GIF格式与JPEG格式相比，其优势在于GIF格式的文件可以保存动画效果。
- PNG(*.png)：PNG格式可以使用无损压缩方式压缩文件，它支持24位图像，产生的透明背景没有锯齿边缘，所以可以产生质量较好的图像效果。
- EPS(*.eps)：EPS格式可以包含矢量和位图图形，几乎被所有的图像、示意图和页面排版程序所支持，是用于图形交换的最常用的格式。其最大的优点在于可以在排版软件中以低分辨率预览，而在打印时以高分辨率输出。它不支持Alpha通道，可以支持裁切路径。EPS格式支持Photoshop所有的颜色模式，可以用来存储矢量图和位图。在存储位图时，还可以将图像的白色像素设置为透明效果，它在位图模式下也支持透明。
- PDF(*.pdf)：PDF格式是Adobe公司开发的用于Windows、macOS、UNIX和DOS系统的一种电子文档格式，适用于不同平台。PDF格式文件可以包含矢量和位图图形，还可以包含导航和电子文档查找功能。在Photoshop中将图像文件保存为PDF格式时，系统将弹出【PDF 选项】对话框，在其中用户可选择压缩格式。

1.1.6　图像的色彩模式

常用的色彩模式(也称颜色模式)有RGB(表示红、绿、蓝)模式、CMYK(表示青色、洋红、黄色、黑色)模式、Lab模式、灰度模式、索引模式、位图模式、双色调模式和多通道模式等。

色彩模式除确定图像中能显示的颜色数外，还影响图像通道数和文件大小，每幅图像具有一个或多个通道，每个通道都存放着图像中颜色元素的信息。图像中默认的颜色通道数取决于其色彩模式。常见的色彩模式如下。

- RGB模式：该模式由红、绿和蓝3种颜色按不同比例混合而成，也称真彩色模式，是最为常见的一种色彩模式。
- CMYK模式：CMYK模式是印刷时使用的一种色彩模式，由Cyan(青色)、Magenta(洋红)、Yellow(黄色)和Black(黑色)4种色彩组成。为了避免和RGB三基色中的Blue(蓝色)发生混淆，其中的黑色用K来表示。
- Lab模式：Lab模式是国际照明委员会发布的一种色彩模式，由RGB三基色转换而来。其中L表示图像的亮度，取值范围为0～100；a表示由绿色到红色的光谱变化，取值范围为-120～120；b表示由蓝色到黄色的光谱变化，取值范围和a分量相同。

1.2　初识 Photoshop

Photoshop是Adobe公司推出的一款专业的图形图像处理软件，凭借简单易学、人性化的工作界面，并集图像设计、扫描、编辑、合成以及高品质输出功能于一体，而深受用户的好评。学习使用Photoshop进行图像处理前，需要了解Photoshop的工作界面，并掌握文件的基本操作，主要包括打开、新建、保存和关闭文件等。

1.2.1　认识Photoshop的工作界面

　　启动Photoshop 2025后，将出现一个主页界面，如图1-3所示。界面中将显示多个之前打开过的图像文件，单击图像文件后可以直接将其打开，单击界面左侧的【新文件】或【打开】按钮可以新建或打开图像文件。

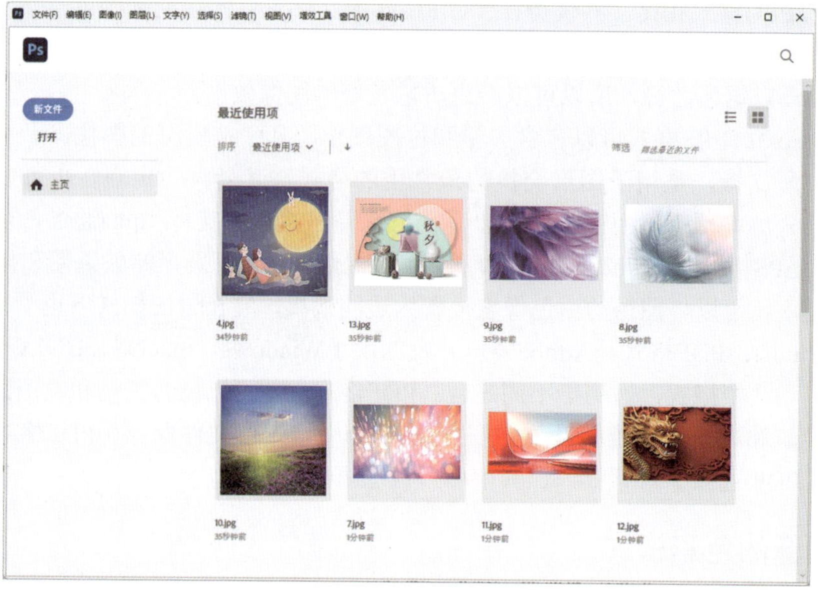

图 1-3　主页界面

　　打开一个图像文件后，将进入Photoshop 2025的工作界面，如图1-4所示，该界面主要由菜单栏、工具箱、工具属性栏、浮动面板、图像窗口和状态栏等部分组成。

图 1-4　Photoshop 2025 的工作界面

1. 菜单栏

Photoshop 2025的菜单栏包括了进行图像处理的各种命令，共有11个菜单项，各菜单项作用如下。

- 文件：在其中可进行文件的操作，如文件的打开、保存等。
- 编辑：其中包含一些编辑命令，如剪切、复制、粘贴及撤销操作等。
- 图像：主要用于对图像的操作，如处理文件和画布的尺寸、分析和修正图像的色彩、图像模式的转换等。
- 图层：在其中可执行图层的创建、删除等操作。
- 文字：用于打开字符和段落面板，以及用于文字的相关设置等操作。
- 选择：主要用于选取图像区域，且对其进行编辑。
- 滤镜：包含众多的滤镜命令，可对图像或图像的某部分进行模糊、渲染以及扭曲等特殊效果的制作。
- 视图：主要用于对Photoshop 2025的编辑屏幕进行设置，如改变文档视图的大小、缩小或放大图像的显示比例、显示或隐藏标尺和网格等。
- 增效工具：当用户安装插件后，可以单击该菜单，打开【插件】面板进行设置。
- 窗口：用于对Photoshop 2025工作界面的各个面板进行显示和隐藏。
- 帮助：通过它可快速访问Photoshop 2025帮助手册，其中包括几乎所有Photoshop 2025的功能、工具及命令等信息，还可以访问Adobe公司的站点等。

选择一个菜单项，系统会展开对应的菜单及子菜单命令。图1-5所示为【图像】菜单中包含的命令。其中，灰色的菜单命令表示未被激活，当前不能使用；命令后面的按键组合表示在键盘中按该组合键即可执行相应的命令。

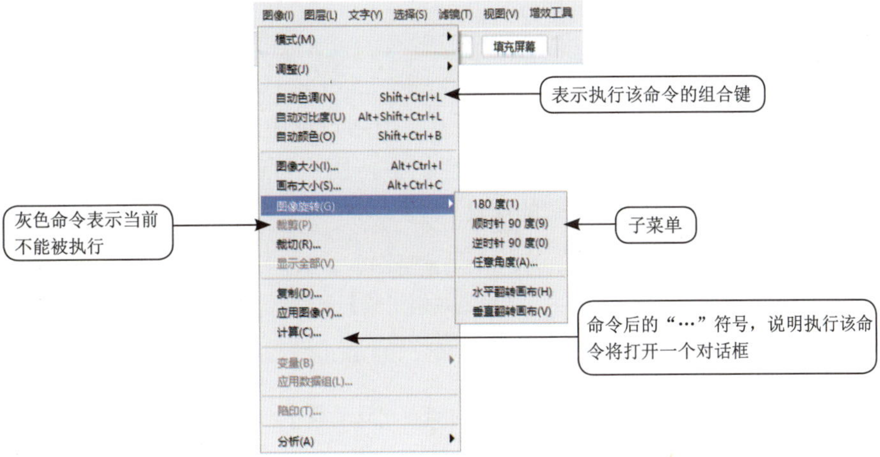

图 1-5　【图像】菜单

2. 工具箱

默认状态下，Photoshop 2025工具箱位于窗口左侧，单击并按住其中的工具按钮，可以展开该工具的子工具对象，图1-6所示列出了工具箱中各工具及子工具的名称。在使用工具的操作中，用户可以通过单击工具箱上方的双三角形按钮 将工具箱变为双列方式，如图1-7所示。

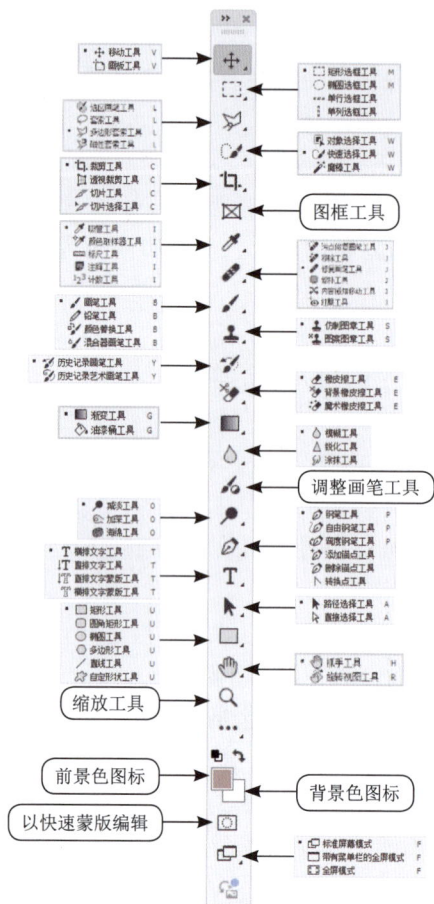

图 1-6　工具及子工具的名称

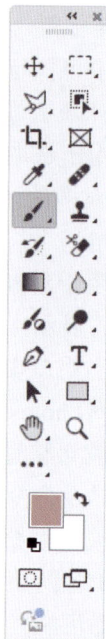

图 1-7　双列工具箱

3. 工具属性栏

工具属性栏(简称属性栏)位于菜单栏的下方，当用户选中工具箱中的某个工具时，工具属性栏会显示相应工具的属性选项。在工具属性栏中，用户可以方便地设置对应工具的各种属性。图1-8所示为【修复画笔工具】 ✏ 的属性栏。

图 1-8　【修复画笔工具】属性栏

💡 **提示**

选择【窗口】|【选项】命令，可以在弹出的对话框中设置显示或隐藏工具属性栏。

4. 面板

面板是Photoshop中非常重要的一个组成部分，通过它可以进行选择颜色、编辑图层、新建通道、编辑路径和撤销编辑等操作。在【窗口】菜单中可以选择需要打开或隐藏的面板。打开的面板都依附在工作界面右边。选择【窗口】|【工作区】|【基本功能(默认)】命令，将打开如图1-9所示的面板组合。

单击面板右上方的双三角形按钮 ，可以将面板缩小为图标，如图1-10所示，要使用缩小为图标的面板时，可以单击所需面板按钮，此时即可弹出对应的面板，如图1-11所示。

图 1-9　面板　　　　图 1-10　面板缩略图 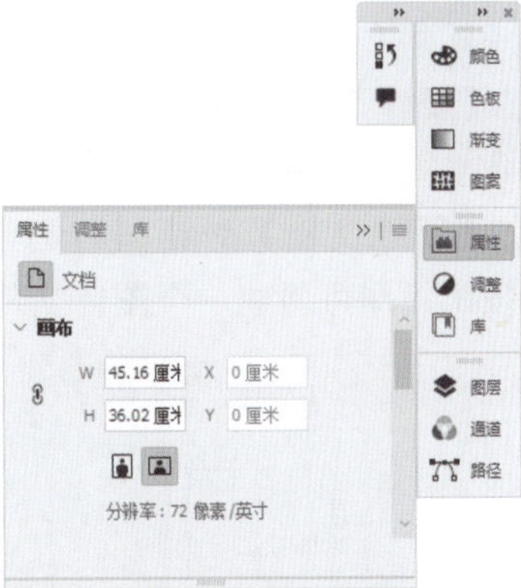　　　　图 1-11　显示面板

5. 图像窗口

图像窗口相当于Photoshop的工作区，所有的图像处理操作都是在图像窗口中进行的。图像窗口的上方是标题栏，标题栏中显示当前文件的名称、格式、显示比例、色彩模式、所属通道和图层状态。如果该文件未被存储过，则标题栏以【未命名】并加上连续的数字作为文件的名称。图像的各种编辑操作都是在此区域中进行的，图像窗口的组成如图1-12所示。

图 1-12　图像窗口

6. 状态栏

图像窗口底部的状态栏会显示图像的相关信息。最左端显示当前图像窗口的显示比例，在其中输入数值后按Enter键可以改变图像的显示比例，中间的数值显示当前图像文件的大小，如图1-13所示。

图 1-13　状态栏

1.2.2　新建图像文件

在开始制作一幅新的图像之前，首先需要创建一个空白图像文件。在新建图像文件时，用户可以根据需求自定义画布尺寸、分辨率、颜色模式等参数。

7

【练习1-1】新建图像文件

步骤 01 启动Photoshop应用程序，在【主页】界面左侧单击【新文件】按钮，或按Ctrl+N组合键，打开【新建文档】对话框，如图1-14所示。

步骤 02 在【新建文档】对话框中设置新建文件的规格，如选择【打印】选项卡中的【A4】选项，可以直接得到A4纸张的尺寸，如图1-15所示。

步骤 03 在【新建文档】对话框右侧设置图像名称、宽度、高度和分辨率等信息，然后单击【创建】按钮，即可新建一个图像文件。

图1-14 打开【新建文档】对话框

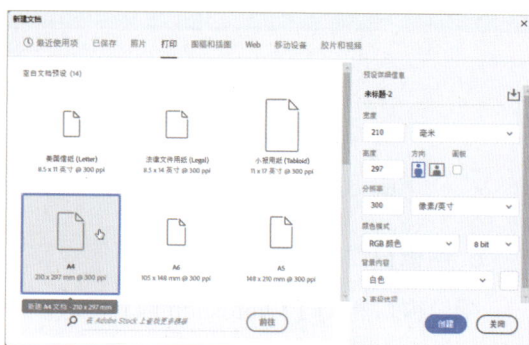

图1-15 设置文件信息

【新建文档】对话框中各选项的含义分别如下。

- 【空白文档预设】：用于设置新建文件的规格，位于对话框左侧上方，选择相应的选项，可以在对话框中选择Photoshop自带的几种图像规格。
- 【宽度】/【高度】：用于设置新建文件的宽度和高度，用户可以输入1~300000的任意一个数值。
- 【分辨率】：用于设置图像的分辨率，其单位有像素/英寸和像素/厘米。
- 【颜色模式】：用于设置新建图像的颜色模式，其中有【位图】【灰度】【RGB颜色】【CMYK颜色】【Lab颜色】5种模式可供选择。
- 【背景内容】：用于设置新建图像的背景颜色，系统默认为白色，也可设置为背景色和透明色。
- 【高级选项】：在【高级选项】区域中，用户可以对【颜色配置文件】和【像素长宽比】两个选项进行更专业的设置。

1.2.3 打开图像文件

Photoshop允许用户同时打开多个图像文件进行编辑，选择【文件】|【打开】命令，或按Ctrl+O组合键，打开【打开】对话框，找到要打开文件所在的位置，然后选择要打开的图像文件，如图1-16所示，单击【打开】按钮即可打开所选的文件，如图1-17所示。

💡 提示

选择【文件】|【打开为】命令，可以在指定被选取文件的图像格式后将文件打开；选择【文件】|【最近打开文件】命令，可以快速打开最近编辑过的图像文件。

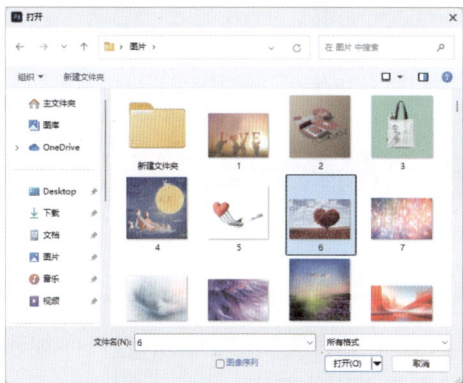

图 1-16　【打开】对话框

图 1-17　打开图像文件

1.2.4　保存图像文件

在对图像文件进行编辑的过程中，当完成关键的步骤后，应该及时对文件进行保存，以免因为误操作或者意外停电带来损失。

选择【文件】|【存储】命令，打开【存储为】对话框，根据需要设置保存文件的路径和名称，如图1-18所示。单击【保存类型】选项右侧的三角形按钮，在其下拉列表中选择保存文件的格式，如图1-19所示。然后单击【保存】按钮，即可完成文件的保存，以后按照保存文件的路径就可以找到并打开此文件。

图 1-18　打开【存储为】对话框

图 1-19　设置文件类型

> **提示**
>
> 如果是对已存在或已保存的文件进行再次存储，只需按Ctrl+S组合键或选择【文件】|【存储】命令，即可按照原路径和名称保存文件。如果要更改文件的路径和名称，则需要选择【文件】|【存储为】命令，在打开的【存储为】对话框中可以对保存路径和名称进行重新设置。

1.2.5　关闭图像文件

要关闭某个图像文件，而不退出Photoshop应用程序，可以使用如下几种方法。
- 单击图像窗口标题栏最右端的【关闭】按钮 ☒ 。
- 选择【文件】|【关闭】命令。

- 按Ctrl+W组合键。
- 按Ctrl +F4组合键。

1.3 常用辅助工具

Photoshop提供了多种用于图像处理的辅助工具，这些工具虽然对图像不起任何编辑作用，但是可以测量或定位图像，使图像编辑更精确，从而提高工作效率。

1.3.1 使用标尺

选择【视图】|【显示】|【标尺】命令，或在【属性】面板中单击【查看标尺】按钮▣，可以在图像的左侧和顶端显示标尺。

打开一幅图像文件，在【属性】面板中展开【标尺和网格】选项，如图1-20所示，单击【查看标尺】按钮▣，即可在图像中显示标尺，如图1-21所示。在标尺上单击鼠标右键，在弹出的快捷菜单中可以选择标尺的单位，如图1-22所示。

图 1-20 【属性】面板　　　　图 1-21 显示标尺　　　　图 1-22 设置标尺单位

选择【编辑】|【首选项】|【单位与标尺】命令，打开【首选项】对话框，在其中可以设置标尺的其他信息，如图1-23所示。

图 1-23 【首选项】对话框

1.3.2　使用参考线

参考线是浮动在图像上的直线，用于给图像处理人员提供参考位置，在打印图像时，参考线不会被打印出来。

【练习1-2】创建与设置参考线

步骤 01 打开一幅图像文件，选择【视图】|【参考线】|【新建参考线】命令，打开【新建参考线】对话框，在其中可以设置参考线的取向和颜色，如图1-24所示。

步骤 02 设置好参数后，单击【确定】按钮即可在画面中新建参考线，如图1-25所示。

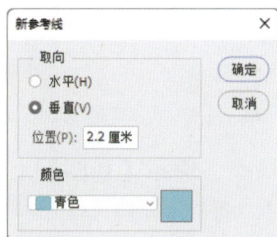

图 1-24　设置参考线　　　　　　　图 1-25　新建的参考线

步骤 03 将鼠标指针移到标尺处，按住鼠标左键并向图像区域拖动，这时光标呈 ✛ 或 ✛ 形状，释放鼠标后即可创建一条参考线。图1-26所示为创建的水平参考线。

步骤 04 在【属性】面板中展开【参考线】选项，单击【查看参考线】按钮 ✚ 可以隐藏和显示参考线；单击【锁定参考线】按钮 ✚ 可以锁定和解锁参考线；单击【智能参考线】按钮 ✚ 可以启用或取消智能参考线；在【属性】面板右侧的下拉列表中可以选择参考线的样式，如图1-27所示。

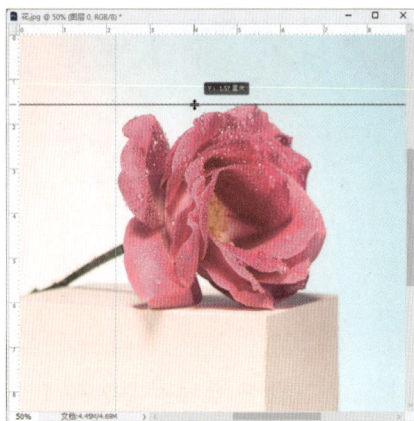

图 1-26　手动添加参考线　　　　　　　图 1-27　设置参考线属性

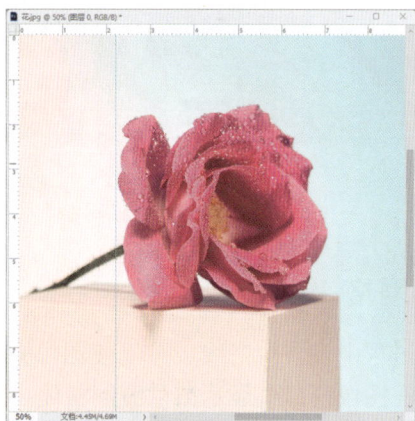

步骤 05 双击参考线，或者选择【编辑】|【首选项】|【参考线、网格和切片】命令，打开【首选项】对话框，可以设置参考线的颜色和样式等属性，如图1-28所示。

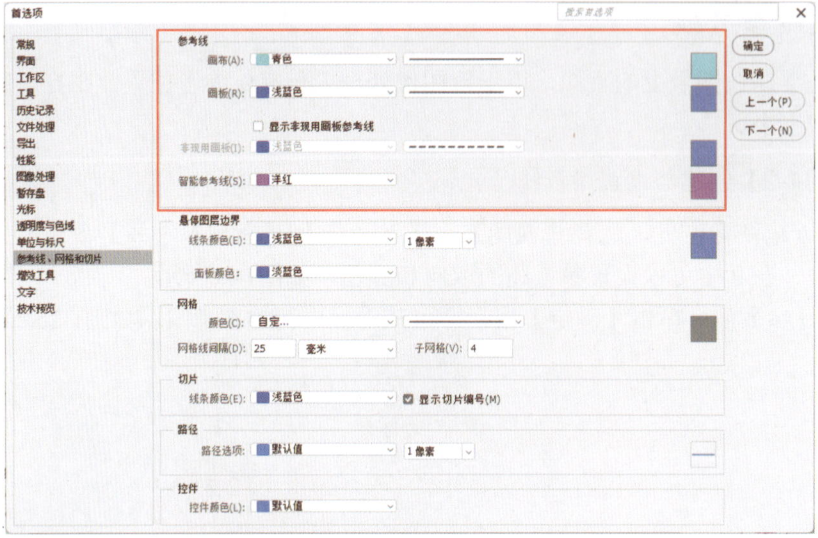

图 1-28　设置参考线的颜色和样式

1.3.3　使用网格

在图像处理过程中设置网格线，可以使图像编辑更精准。选择【视图】｜【显示】｜【网格】命令，可以在图像窗口中显示或隐藏网格线。

打开一幅图像文件，在【属性】面板中展开【标尺和网格】选项，如图1-29所示，单击【显示网格】按钮▦，即可在图像中显示网格，如图1-30所示。

图 1-29　【属性】面板

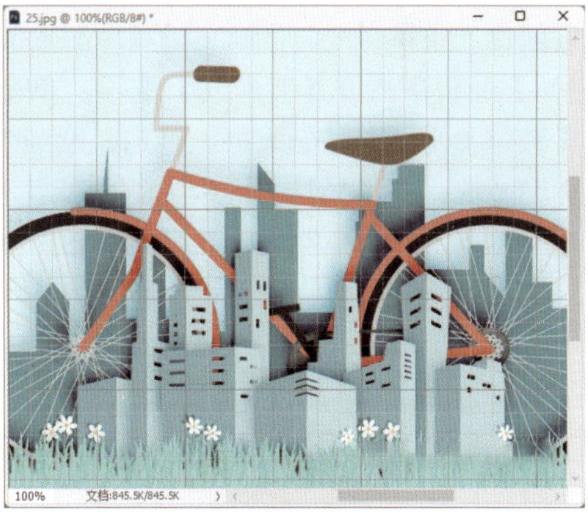

图 1-30　显示网格

提示

按 Ctrl+' 组合键，也可以在图像中显示网格。

按Ctrl+K组合键，打开【首选项】对话框，在左侧选项列表中选择【参考线、网格和切片】选项，在【网格】选项组中可以设置网格的颜色、样式、网格间距和子网格数量，如图1-31所示。单击【确定】按钮，即可完成网格效果的设置。

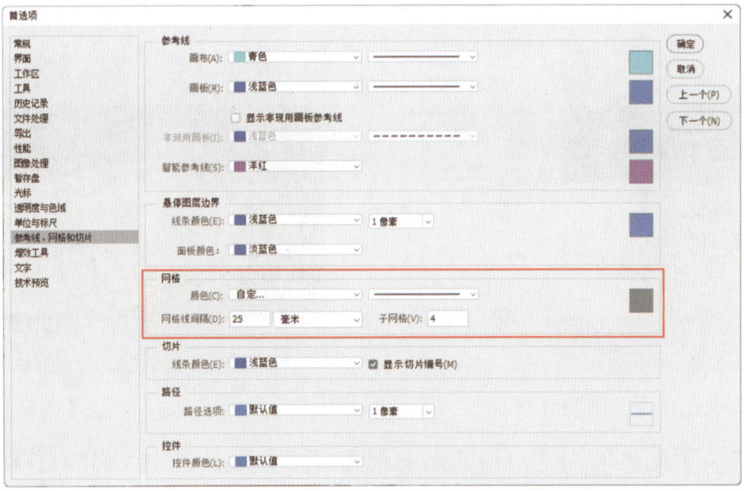

图 1-31　设置网格效果

1.4　课堂案例

本节综合应用所学的Photoshop基础知识，包括工作界面和图像的基本概念，练习调整Photoshop面板与修改Photoshop色彩模式的操作。

1.4.1　调整Photoshop面板

本案例将对Photoshop面板组进行拆分，并将拆分后的面板进行重新组合，然后将所做的界面设置进行保存。调整Photoshop工作面板的具体操作步骤如下。

步骤 01 启动Photoshop 2025应用程序，打开"夜景.jpg"图像，如图1-32所示。

步骤 02 将光标移到【渐变】面板的标签上，按住鼠标左键不放向左侧拖动，在图像窗口区域中释放鼠标，即可将【渐变】面板从【颜色】面板组中拆分出来，如图1-33所示。

图 1-32　Photoshop 2025 工作界面

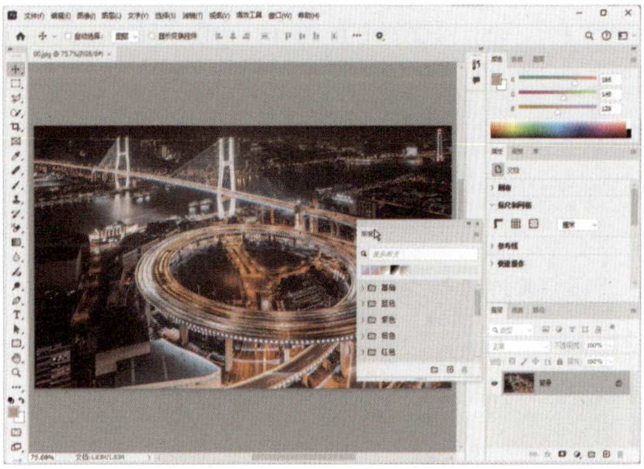

图 1-33　拆分面板效果

步骤 03 在【调整】面板的标题上右击，在弹出的快捷菜单中选择【关闭】命令，如图1-34所示，即可将【调整】面板关闭，如图1-35所示。

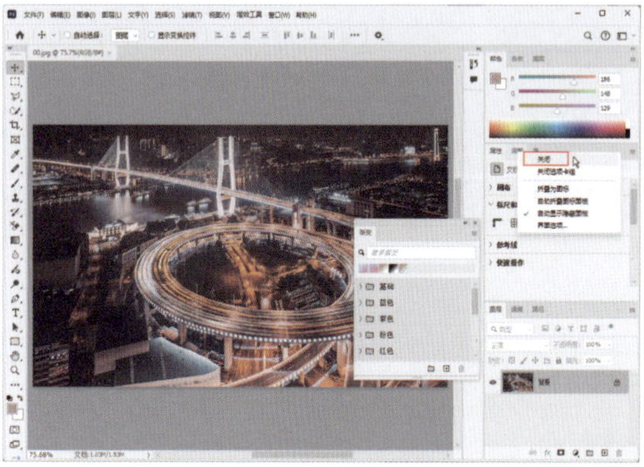

图 1-34　选择【关闭】命令

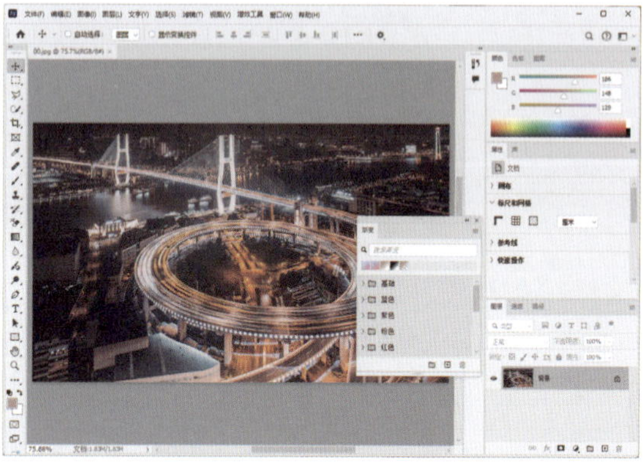

图 1-35　关闭【调整】面板

步骤 04 拖动【渐变】面板的标签，将其拖动到【属性】面板组中，释放鼠标后就完成了面板的合并，如图1-36所示。

步骤 05 参照前面的操作方法，将【图案】【色板】和【颜色】面板合并到【属性】面板组中，如图1-37所示。

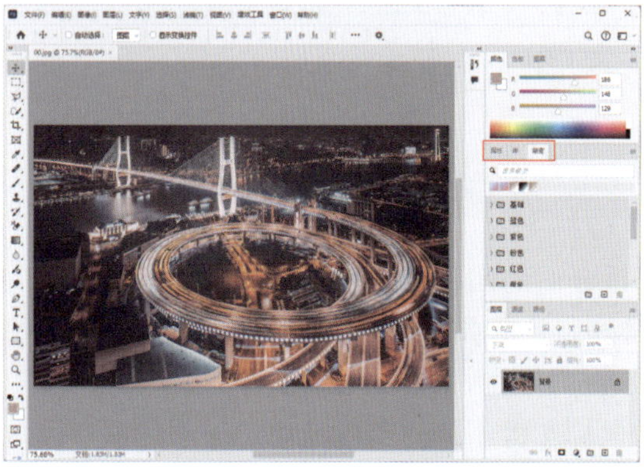

图 1-36　将【渐变】面板合并到【属性】面板组中

图 1-37　在【属性】面板组中合并其他面板

步骤 06 单击【路径】缩略面板的标签，即可打开该面板，在其中可以显示绘制的路径，如图1-38所示。

步骤 07 单击【历史记录】面板图标 ，即可展开隐藏的面板，如图1-39所示。

图 1-38　打开【路径】面板

图 1-39　展开【历史记录】面板

步骤 08 在某面板标题上右击，在弹出的快捷菜单中选择【折叠为图标】命令，如图1-40所示，即可将该列的面板缩小为图标面板，如图1-41所示。

图 1-40　选择【折叠为图标】命令

图 1-41　缩小为图标面板

步骤 09 选择【窗口】|【工作区】|【新建工作区】命令，打开【新建工作区】对话框，如图1-42所示，输入名称后单击【存储】按钮，即可存储工作界面。在【工作区】子命令中可以找到新建的工作区，如图1-43所示。

图 1-42　存储工作区

图 1-43　查看工作区

1.4.2　转换图像色彩模式

本案例练习将一个RGB色彩模式的图像转换为索引颜色模式，讲解转换图像色彩模式的操作方法。转换图像色彩模式的具体操作步骤如下。

步骤 01 选择【文件】|【打开】命令，在弹出的【打开】对话框中找到"彩色蛋.jpg"图像文件，如图1-44所示，单击【打开】按钮，打开该图像文件，在图像文件标题栏中可以看到当前图像的色彩模式为RGB，如图1-45所示。

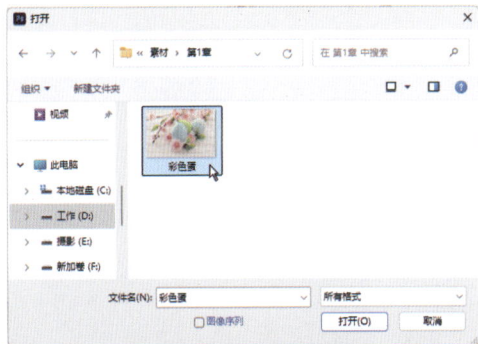

图 1-44　选择图像文件

图 1-45　打开素材图像

15

步骤 02 选择【图像】|【模式】|【索引颜色】命令，打开【索引颜色】对话框，如图1-46所示。

步骤 03 在【索引颜色】对话框中设置好所需参数后，单击【确定】按钮，即可完成图像色彩模式的转换，图像文件标题栏中将显示图像模式为【索引】，如图1-47所示。

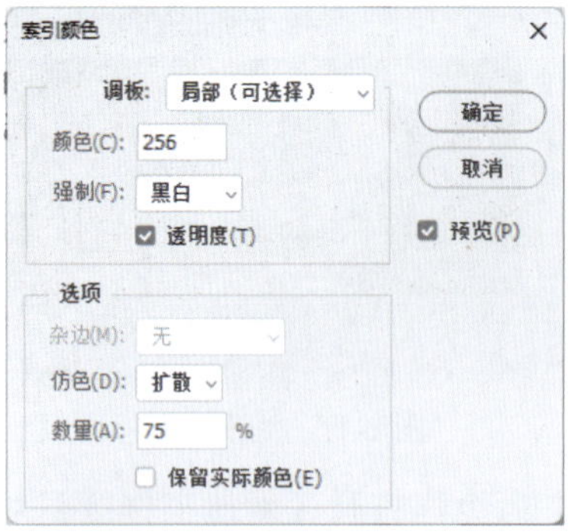

图 1-46　【索引颜色】对话框

图 1-47　索引颜色模式

提示

索引颜色模式下的图像文件的信息量比较小，图像颜色信息会有所丢失，该模式的图像通常应用于 Web 领域。

第2章 图像基本操作

在前一章中，我们学习了图像的基本概念以及Photoshop的文件操作和辅助工具。本章将重点讲解编辑图像的基本操作，主要包括以下5个方面：图像查看、图像调整、图像基础编辑、图像填充和图像擦除。

2.1 图像查看

在图像处理过程中，通常需要对图像进行放大或缩小显示，以便对图像进行编辑。用户可以通过状态栏、导航器和缩放工具来实现图像的缩放。

2.1.1 使用导航器查看

打开一幅图像文件后，选择【窗口】|【导航器】命令，打开【导航器】面板，该面板中将显示当前图像的预览效果，如图2-1所示，按住鼠标左键左右拖动【导航器】面板底部滑动条上的滑块，即可对图像的显示效果进行缩放，如图2-2所示。

在滑动条左侧的数值框中输入数值，可以直接以设置的比例完成缩放。当图像放大超过100%时，当前视图中只能观察到【导航器】面板中矩形线框内的图像，将鼠标指针移到【导航器】面板矩形预览区内，指针将变成手形 🖑，这时按住左键并拖动，可以调整图像的显示区域，如图2-3所示。

| 图 2-1　【导航器】面板 | 图 2-2　拖动滑块缩放显示效果 | 图 2-3　调整显示区域 |

2.1.2 使用缩放工具查看

除了可以使用【导航器】面板对图像的显示效果进行缩放，还可以使用工具箱中的【缩放工具】 🔍 对图像的显示进行缩放操作。

要放大显示图像，可以使用如下两种操作方法。

方法一：在工具箱中单击【缩放工具】按钮 🔍，在需要放大显示的图像上单击鼠标，如图2-4所示，即可放大显示图像，如图2-5所示。

方法二：在工具箱中单击【缩放工具】按钮🔍，在需要放大显示的图像上单击并按住左键，然后立即向右拖动鼠标，即可按不同比例放大显示图像。

要缩小显示图像，可以使用如下两种操作方法。

方法一：在工具箱中单击【缩放工具】按钮🔍，按住Alt键，当指针中心有一个减号的图标🔍时，在需要缩小显示的图像上单击鼠标，即可缩小显示图像，如图2-6所示。

方法二：在工具箱中单击【缩放工具】按钮🔍，在需要缩小的图像上单击并按住左键，然后立即向左拖动鼠标，即可按不同比例缩小显示图像。

图 2-4　单击鼠标	图 2-5　放大图像	图 2-6　缩小图像

提示

双击工具箱中的【缩放工具】🔍，图像将以100%的比例显示。

2.1.3　使用抓手工具平移图像

放大显示图像后，可以使用工具箱中的【抓手工具】✋在图像窗口中移动显示图像。选择【抓手工具】✋，在放大的图像窗口中按住鼠标左键拖动，可以移动图像的显示区域，如图2-7和图2-8所示。

图 2-7　移动图像前	图 2-8　移动图像后

2.2　图像调整

对图像进行编辑时，通常需要对图像大小、画布大小、图像方向和版面进行调整，下面介绍图像的基本调整方法。

2.2.1　调整图像大小

在编辑图像时，可以通过改变图像的像素、高度、宽度和分辨率来调整图像的大小，具体操作如下。

【练习2-1】调整图像大小

步骤 01　选择【文件】|【打开】命令，打开"01.jpg"图像文件。

步骤 02　选择【图像】|【图像大小】命令，或右击图像窗口顶部的标题栏，在弹出的快捷菜单中选择【图像大小】命令，如图2-9所示。

步骤 03　在打开的【图像大小】对话框中可以重新设置图像的大小，如图2-10所示，设置好图像的大小后，单击【确定】按钮完成操作。

图 2-9　选择【图像大小】命令　　　　　图 2-10　【图像大小】对话框

💡 **提示**

按Ctrl+Alt+I组合键，可以快速打开【图像大小】对话框。也可以在选择图像的【背景】图层时，在【属性】面板的【快速操作】栏中单击【图像大小】按钮，打开【图像大小】对话框。

【图像大小】对话框中各选项的含义如下。

- 【图像大小】：显示当前图像的文件大小。
- 【尺寸】：显示当前图像的宽度和高度值，单击选项中的下拉按钮☑，可以设置图像宽度和高度的单位。
- 【调整为】：在右方的下拉列表中可以直接选择预设图像的大小。
- 【宽度】/【高度】：用于设置图像的宽度和高度。
- 【分辨率】：用于设置图像分辨率的大小。
- 【限制长宽比】按钮⑧：默认情况下，图像的宽度和高度是按比例进行缩放的，单击该按钮，将取消限制长宽比，图像不再按比例进行缩放，可以单独调整图像的宽度或高度。

步骤 04　将光标移到当前图像窗口底端的状态栏中，单击并按住左键，可以查看当前图像文件的宽度、高度和分辨率等信息。图2-11所示为等比例调整图像大小后的效果；图2-12所示为非等比例调整图像大小后的效果。

图 2-11 等比例调整图像大小后的效果 　　　图 2-12 非等比例调整图像大小后的效果

2.2.2 调整画布大小

图像画布大小是指当前图像周围工作空间的大小。使用【画布大小】命令可以精确地设置图像画布的尺寸。

🐱【练习2-2】调整图像画布大小

步骤 01 打开"春日计划.jpg"图像文件，如图2-13所示。

步骤 02 当选择图像的【背景】图层时，在【属性】面板中展开【画布】栏，在其中可以直接改变图像的画布大小和模式等，如图2-14所示。

图 2-13 打开图像文件 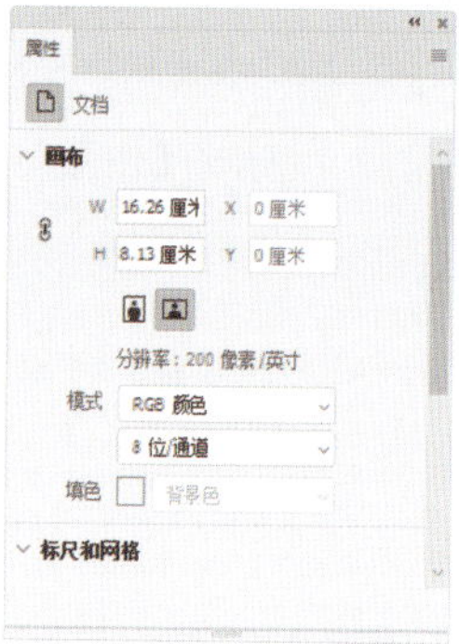　　　　　　图 2-14 【画布】栏

🏆 提示

在【画布】栏中，当 🔘 按钮为按下状态时，可以等比例调整宽度和高度参数；单击 🔲 按钮可以将画布改变为纵向；单击 🔲 按钮可以将画布改变为横向。

步骤 03 选择【图像】|【画布大小】命令，或右击图像窗口顶部的标题栏，在弹出的快捷菜单中选择【画布大小】命令，如图2-15所示。

步骤 04 在打开的【画布大小】对话框中可以查看和设置当前画布的大小，在【定位】栏中单击箭头指示按钮，可以确定画布扩展方向；在【新建大小】栏中输入新的宽度和高度值，可以修改画布大小，如图2-16所示。

图 2-15　选择【画布大小】命令

图 2-16　定位和设置画布大小

步骤 05 在【画布扩展颜色】下拉列表中可以选择画布的扩展颜色，或者单击右方的颜色按钮，打开【拾色器(画布扩展颜色)】对话框，在该对话框中可以设置画布的扩展颜色，如图2-17所示。设置好画布大小和颜色后，单击【确定】按钮，即可修改画布的大小和颜色，如图2-18所示。

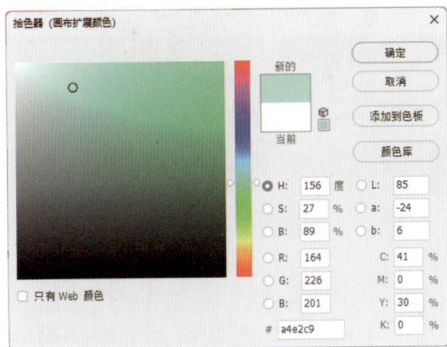

图 2-17　设置画布扩展颜色

图 2-18　修改画布大小和颜色

2.2.3　旋转图像

要调整图像的方向，可以选择【图像】|【图像旋转】命令，在打开的子菜单中选择相应命令来完成，如图2-19所示。

- 180度：选择该命令，可将整个图像旋转180度。
- 顺时针90度：选择该命令，可将整个图像顺时针旋转90度。
- 逆时针90度：选择该命令，可将整个图像逆时针旋转90度。
- 任意角度：选择该命令，可以在打开的【旋转画布】对话框中设置要旋转的角度和方向，如图2-20所示。

图 2-19　【图像旋转】子菜单

图 2-20　设置任意旋转角度

- 水平翻转画布：选择该命令，可将整个图像水平翻转。

21

● 垂直翻转画布：选择该命令，可将整个图像垂直翻转。

调整图像的方向时，各种旋转效果如图2-21所示。

(a) 原图像 　　　　　　　(b) 旋转 180 度 　　　　　　(c) 顺时针旋转 90 度

(d) 逆时针旋转 90 度 　　　　(e) 水平翻转 　　　　　　(f) 垂直翻转

图 2-21　各种旋转效果

2.2.4　裁剪图像

使用【裁剪工具】🔲 可以将多余部分的图像裁剪掉，从而得到需要的图像。选择【裁剪工具】🔲，在图像中单击并拖动鼠标，将绘制出一个矩形区域，如图2-22所示，矩形区域内部表示裁剪后保留的图像部分，矩形区域外的部分将被删除掉。

将光标移到裁剪矩形框四周的控制点上，当其变为双向箭头↔时拖动鼠标，可以调整裁剪矩形框的大小，如图2-23所示。

图 2-22　绘制裁剪区域 　　　　　　图 2-23　调整裁剪区域

💡 **提示**

裁剪图像时，将光标移到裁剪矩形框外，当其变为旋转箭头↻时单击并拖动鼠标，可以旋转裁剪矩形框。

【裁剪工具】 属性栏如图2-24所示。

图 2-24　【裁剪工具】属性栏

- 比例：设置裁剪图像时的比例。
- 清除：清除上次操作时设置的高度、宽度以及分辨率等数值。
- 拉直：单击该按钮，可通过在图像上绘制一条直线拉直图像。
- 设置裁剪工具的叠加选项 ：用于设置裁剪图像时出现的参考线方式。
- 设置其他裁切选项 ：单击该按钮，可对裁剪画布颜色、不透明度等参数进行设置。
- 删除裁剪的像素：取消选中该复选框，将保留裁剪框外的像素数据，即将裁剪框外的图像隐藏。
- 填充：当裁剪区域大于原图像时，在该选项右方的下拉列表中可以选择填充多余区域的颜色。
- 按钮：单击该按钮，可以对裁剪的区域进行复位。
- 按钮：单击该按钮，可以取消当前裁剪操作。
- 按钮：单击该按钮 (或按Enter键)，可以对裁剪操作进行确定。

2.3　图像基础编辑

前面讲解的图像调整操作是对整个图像进行调整，除此之外，还可以对图像中的某个图层或局部图像进行编辑。

2.3.1　移动图像

在【图层】面板中选择需要移动的图层，如图2-25所示，然后选择【移动工具】 ，在图像上按住鼠标左键并拖动，即可移动该图层中的图像，如图2-26所示。

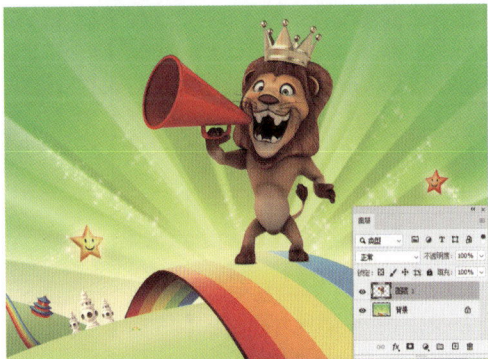

图 2-25　选择图层　　　　图 2-26　移动图像

2.3.2　复制与粘贴图像

复制与粘贴图像可以方便用户快捷地制作出相同的图像，用户还可以通过复制图像文件，将图像中的图层、图层蒙版和通道等都进行复制，然后将图像粘贴到另一处或另一个图像文件中。

使用选区工具选择要复制的图形，然后选择【编辑】|【拷贝】命令，或按Ctrl+C组合键，可以将选区中的图像复制到剪贴板中，再切换到要粘贴图像的文件中，选择【编辑】|【粘贴】命令，或按Ctrl+V组合键，即可将复制的图像粘贴到当前图像中，并生成一个新的图层。

2.3.3 变换图像

变换图像是编辑图像时经常使用的操作，可以对图像进行缩放、旋转、斜切、扭曲、透视、变形和翻转等变换操作。

- 缩放对象：选择【编辑】|【变换】|【缩放】命令，图像周围将出现控制方框，如图2-27所示，将光标放到控制框任意一个控制点上，然后按住鼠标左键进行拖动，即可对图像进行等比例缩放，如图2-28所示。在按住Alt键的同时拖动控制点，可以以图像的中心对图像进行缩放，如图2-29所示。

图 2-27　显示缩放控制方框　　　　图 2-28　缩小图像　　　　图 2-29　中心缩放图像

- 斜切与旋转图像：斜切与旋转图像的操作与缩放对象类似，选择【编辑】|【变换】命令，在子菜单中选择【斜切】或【旋转】命令，然后拖动控制方框中的任意一个控制点，即可对图像进行斜切与旋转操作，如图2-30和图2-31所示。

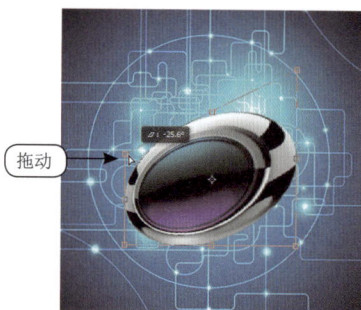

图 2-30　斜切图像　　　　　　　　图 2-31　旋转图像

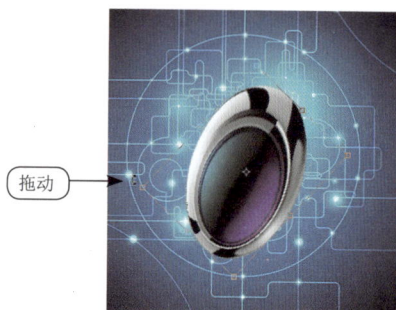

- 扭曲与透视图像：选择【编辑】|【变换】命令，在子菜单中选择【扭曲】或【透视】命令，然后拖动控制方框中的任意一个控制点，即可对图像进行扭曲与透视操作，如图2-32和图2-33所示。
- 变形图像：选择【编辑】|【变换】|【变形】命令，在图像中即可出现一个网格图形(如图2-34所示)，拖动网格四周顶点的控制点，可以对图像进行变形编辑，还可以通过拖动控制点的手柄，调整图像的形状，如图2-35所示。
- 翻转图像：对图像进行翻转操作，可以得到与原图像相对称的图像。选择【编辑】|

【变换】命令，在子菜单中选择【水平翻转】或【垂直翻转】命令，可以对图像进行相应的翻转操作。

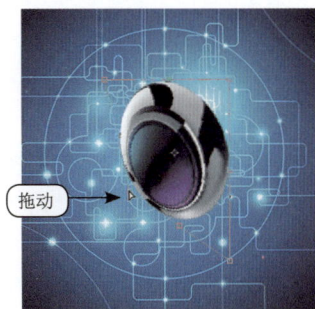

图 2-32　扭曲图像　　　　　　　　图 2-33　透视图像

图 2-34　网格图形　　　　　　　　图 2-35　变形操作

提示

选择【编辑】|【自由变换】命令，或按Ctrl+T组合键，图像边缘将出现变换控制框，拖动控制框可以对图像进行自由变换操作。

2.3.4　内容识别缩放

对图像进行常规缩放时会影响所有的像素，而使用【内容识别缩放】命令可以在不改变指定图像内容的情况下进行图像缩放。例如，使用该命令后，单击工具属性栏中的【保护肤色】按钮，可以在缩放图像时保护图像中的人物不受损伤。

打开一张需要调整的素材图像，如图2-36所示，对其进行常规缩放后的效果如图2-37所示。选择【编辑】|【内容识别缩放】命令，单击工具属性栏中的【保护肤色】按钮，然后对其进行缩放，效果如图2-38所示，在此可以看到，缩放图像时，图像中的人物没有产生变化，而人物周围的场景产生了变化。

图 2-36　素材图像　　　　　图 2-37　常规缩放效果　　　　　图 2-38　内容识别缩放效果

2.3.5　撤销与恢复图像

当用户在绘制图像时，常常需要进行反复的修改才能得到理想的效果，在操作过程中经常会遇到撤销之前的步骤重新操作的情况，这时可以通过下面的方法来撤销误操作。

- 选择【编辑】|【还原】命令，或按Ctrl+Z组合键，可以撤销最近一次进行的操作，再次按Ctrl+Z组合键可以继续撤销操作。
- 选择【编辑】|【重做】命令，或按Shift+Ctrl+Z组合键，可以重做撤销的操作。
- 选择【编辑】|【切换最终状态】命令，或按Alt+Ctrl+Z组合键，可以切换到上一步操作的状态。

2.4　图像填充

在Photoshop中对图像进行填充，需要了解前景色与背景色，掌握颜色的吸取、编辑与填充，下面将介绍颜色的设置和填充操作。

2.4.1　认识前景色与背景色

在Photoshop中，前景色是当前绘图工具所使用的颜色，背景色是图像的底色。前景色与背景色工具位于工具箱的下方，如图2-39所示。单击前景色或背景色图标，可以打开【拾色器】对话框，在其中可以设置前景色或背景色。

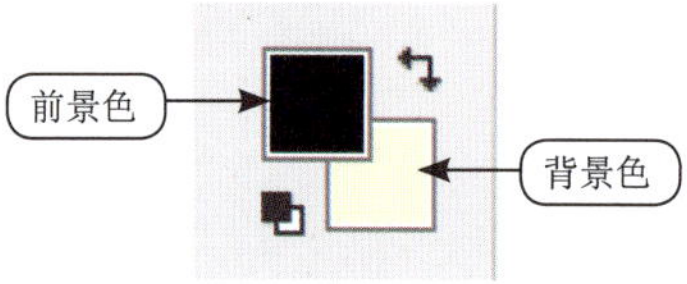

图 2-39　前景色和背景色

- 单击前景色与背景色图标右上方的 图标，可以在前景色和背景色之间进行切换。
- 单击前景色与背景色图标左下方的 图标，可以将前景色和背景色分别设置成系统默认的黑色和白色。

2.4.2　使用【颜色】面板设置颜色

Photoshop 2025提供了4个颜色面板，分别是【颜色】面板、【色板】面板、【渐变】面板和【图案】面板，用户可以通过多种方法来调配颜色，以提高颜色填充效率。

选择【窗口】|【颜色】命令，打开【颜色】面板，该面板左上方的色块分别代表前景色与背景色，如图2-40所示。选择其中一个色块，分别拖动R、G、B中的滑块即可调整颜色，调整后的颜色将应用到前景色框或背景色框中，用户也可直接在【颜色】面板下方的颜色样本框中单击鼠标，以获取需要的颜色。

选择【窗口】|【色板】命令，打开【色板】面板，顶部的色块为已使用过的颜色，下面的列表分别集合了多种颜色组合，如图2-41所示。单击任意一个颜色块可将其设置为前景色，按住Alt键的同时单击其中的颜色块，则可将其设置为背景色。

选择【窗口】|【渐变】命令，打开【渐变】面板，与【色板】面板一样，顶部的色块显示为已使用过的颜色，下面的列表分别集合了多种渐变色和图案组合，如图2-42所示。在【渐

变】面板中单击任意一个颜色块，即可得到预设的渐变颜色。

　　选择【窗口】|【图案】命令，打开【图案】面板，如图2-43所示，在【图案】面板中单击任意一种图案，即可得到预设的图案样式。

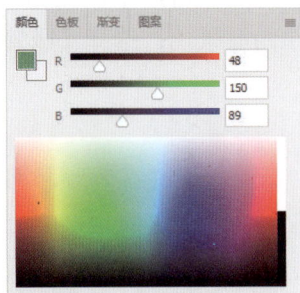

图 2-40　【颜色】面板

图 2-41　【色板】面板

图 2-42　【渐变】面板

图 2-43　【图案】面板

2.4.3　使用【拾色器】对话框设置颜色

　　在Photoshop 2025中，可以通过具体的数值来设置颜色，这样设置出来的颜色更准确，单击前景色图标，打开【拾色器(前景色)】对话框，可根据实际需要，在不同的数值栏中输入数字，以达到理想的颜色效果。

　　【拾色器(前景色)】对话框中提供了HSB、Lab、RGB、CMYK 4种色彩模式，拖动彩色条两侧的三角形滑块可以设置色相，然后在颜色区域中单击颜色来确定饱和度和明度，在对话框右侧的文本框中输入数值可以精确设置颜色，如图2-44所示，单击【确定】按钮即可完成颜色的设置。

图 2-44　【拾色器(前景色)】对话框

2.4.4　使用吸管工具设置颜色

使用【吸管工具】 ![吸管工具] 可以通过吸取图像或面板中的颜色作为前景色或背景色。选择【吸管工具】 ![吸管工具] ，其属性栏如图2-45所示。将光标移到图像窗口中，光标将变为吸管样式，如图2-46所示，单击所需要的颜色，吸取的颜色将作为前景色；选择【吸管工具】 ![吸管工具] ，然后按住Alt键并在图像中单击，吸取的颜色将作为背景色。

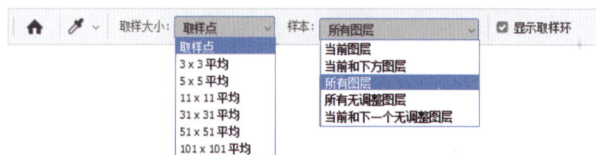

图 2-45　【吸管工具】属性栏

图 2-46　吸取颜色

【吸管工具】属性栏中常用选项的作用如下。
- 取样大小：在其下拉列表中可设置采样区域的像素大小，采样时取其平均值。
- 样本：可以设置采样图像的图层，如当前图层或所有图层等。

2.4.5　使用渐变工具填充颜色

使用【渐变工具】 ![渐变工具] 可以创建多种颜色混合的渐变填充效果。用户可以直接选择Photoshop中预设的渐变颜色，也可以自定义渐变色。单击工具箱中的【渐变工具】按钮 ![渐变工具] ，其属性栏如图2-47所示。

图 2-47　【渐变工具】属性栏

【渐变工具】 ![渐变工具] 属性栏中常用选项的作用如下。
- ![渐变] ：在该下拉选项中可以选择【渐变】和【经典渐变】两种方式。
- ![渐变条] ：单击其右侧的三角形按钮将打开渐变工具面板，其中提供了12种颜色渐变模式供用户选择，单击面板右侧的 ![设置] 按钮，在弹出的下拉菜单中可以选择其他渐变色。
- 渐变类型 ![渐变类型] ：其中的5个按钮分别代表5种渐变方式，分别是线性渐变、径向渐变、角度渐变、对称渐变和菱形渐变，各种渐变效果如图2-48所示。

(a) 线性渐变　　(b) 径向渐变　　(c) 角度渐变　　(d) 对称渐变　　(e) 菱形渐变

图 2-48　5 种渐变的不同效果

- 反向：选中此复选框后，产生的渐变色将与设置的渐变顺序相反。

● 仿色：选中此复选框后，在填充渐变色时，将增加渐变色的中间色调，使渐变效果更加平缓。

● 方法：在该下拉列表中可以选择渐变填充的方法，包括【平滑】【可感知】【线性】【古典】和【条纹】5种。

【练习2-3】使用【渐变工具】填充图像

步骤 01 打开"新年快乐.psd"素材图像，在【图层】面板中选择【图层1】，按住Ctrl键并单击该图层，获取该图层中的图像选区，如图2-49所示。

步骤 02 选择工具箱中的【渐变工具】，在工具属性栏中单击【线性渐变】按钮，然后单击 按钮，打开【渐变编辑器】对话框，在预设中可以选择各种渐变颜色，如图2-50所示。

步骤 03 双击渐变编辑条左边下方的色标，可打开【拾色器(色标颜色)】对话框，设置颜色为土黄色(R208,G132,B80)，如图2-51所示，然后单击【确定】按钮。

图 2-49　获取图像选区　　　图 2-50　【渐变编辑器】对话框　　　图 2-51　设置色标颜色

步骤 04 使用同样的方法设置右边色标的颜色为淡黄色(R249,G207,B5)，然后单击【确定】按钮回到【渐变编辑器】对话框，得到的效果如图2-52所示。

步骤 05 在渐变编辑条下方单击，可以添加一个色标，将该色标颜色设置为橘黄色(R255,G134,B15)，然后在【位置】文本框中输入色标的位置为43，如图2-53所示。

步骤 06 单击【确定】按钮，完成渐变色的设置，在图像窗口的左上角按住鼠标左键向右下角拖动，如图2-54所示，完成图像的渐变色填充。

图 2-52　设置右边色标的颜色　　　图 2-53　新增并设置色标　　　图 2-54　设置渐变色填充方向

2.4.6 使用油漆桶填充颜色

使用【油漆桶工具】 可以对图像中颜色相似的区域进行前景色或图案填充。在工具箱中选择【油漆桶工具】 ，其属性栏如图2-55所示。

图2-55 【油漆桶工具】属性栏

【油漆桶工具】 属性栏中各选项的作用如下。

- 前景/图案：在该下拉列表框中可以设置填充的对象是前景色或图案。
- 模式：用于设置填充图像颜色时的混合模式。
- 容差：用于设置填充内容的范围。
- 消除锯齿：用于设置是否消除填充边缘的锯齿。
- 连续的：用于设置填充的范围，选中此复选框时，只填充相邻的区域；取消选中此复选框，则不相邻的区域也将被填充。
- 所有图层：选中该复选框，将对图像中的所有图层进行填充。

【练习2-4】使用【油漆桶工具】填充图像

步骤 01 打开"彩色图像.psd"素材图像，可以看到图像中的字母为白色显示，如图2-56所示。

步骤 02 设置前景色为深红色(R135,G15,B11)，在工具箱中选择【油漆桶工具】 ，在工具属性栏中设置填充色为【前景】，并取消选中【连续的】复选框，然后在字母中单击，即可填充前景色，如图2-57所示。

图2-56 打开图像

图2-57 填充颜色

步骤 03 按Ctrl+J组合键复制一次字母图层，使用【移动工具】 向左上方略微移动复制的字母，如图2-58所示。

步骤 04 选择【油漆桶工具】 ，在工具属性栏中修改填充方式为【图案】，并选中【连续的】复选框，然后单击【图案】右侧的三角形按钮，在弹出的样式面板中选择一种图案，如图2-59所示。

步骤 05 选择好图案后，将光标移到左侧字母V上并单击，即可填充选择的图案，效果如图2-60所示。

步骤 06 分别设置前景色为橘黄色和粉红色，再分别填充后两个字母，效果如图2-61所示。

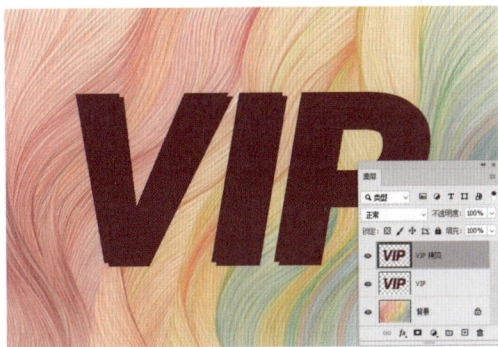

图 2-58　复制并移动图像

图 2-59　选择图案

图 2-60　填充图案效果

图 2-61　填充颜色效果

2.5 图像擦除

使用橡皮擦工具组中的工具可以方便地擦除图像中的局部图像。橡皮擦工具组中包括【橡皮擦工具】、【背景橡皮擦工具】和【魔术橡皮擦工具】。

2.5.1 使用橡皮擦工具

【橡皮擦工具】主要用于擦除当前图层中的图像。选择【橡皮擦工具】后，在图像中按住左键并拖动，即可根据画笔形状对图像进行擦除。【橡皮擦工具】的属性栏如图2-62所示。

图 2-62　【橡皮擦工具】属性栏

- 模式：单击右侧的三角按钮，在弹出的下拉列表中可以选择画笔、铅笔和块3种擦除模式。
- 不透明度：设置该参数可以直接改变擦除时图像的不透明程度。
- 流量：数值越小，擦除的强度越低，擦除区域会呈现更透明的效果。
- 抹到历史记录：选中此复选框，可以将图像擦除至【历史记录】面板中的恢复点以外的图像效果。

【练习2-5】使用【橡皮擦工具】擦除图像

步骤 01 打开"女包.jpg"素材图像，如图2-63所示，然后在工具箱中选择【橡皮擦工具】，再设置背景色为白色。

步骤 02 在工具属性栏中单击【画笔预设】右侧的三角形按钮，在打开的面板中选择【硬边圆】，然后设置画笔大小，如图2-64所示。

图 2-63　打开图像

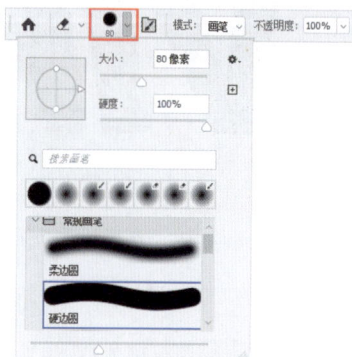

图 2-64　选择并设置画笔

步骤 03 在图像中按住左键并拖动，即可擦除背景图像，擦除的图像呈现背景色，如图2-65所示。

步骤 04 选择【窗口】|【历史记录】命令，打开【历史记录】面板，单击原图文件，即可回到图像原始状态，如图2-66所示。

图 2-65　擦除图像

图 2-66　返回原始状态

步骤 05 在【图层】面板中双击背景图层，打开【新建图层】对话框，如图2-67所示，然后单击【确定】按钮，将背景图层转换为普通图层，如图2-68所示。

步骤 06 选择【橡皮擦工具】，然后在图像中按住左键并拖动，即可擦除背景图像，进而可以得到透明的背景效果，如图2-69所示。

图 2-67　【新建图层】对话框

图 2-68　转换背景图层

图 2-69　擦除背景图像

2.5.2　使用背景橡皮擦工具

使用【背景橡皮擦工具】 ![icon] 可以将图像擦除成透明效果，其工具属性栏如图2-70所示。

图 2-70　【背景橡皮擦工具】属性栏

- 【连续取样】按钮 ![icon]：按下此按钮，在擦除图像的过程中将连续采集取样点。
- 【一次取样】按钮 ![icon]：按下此按钮，将第一次单击所在位置的颜色作为取样点。
- 【背景色板取样】按钮 ![icon]：按下此按钮，将当前背景色作为取样色。
- 【限制】：单击右侧的三角按钮，可以在打开的下拉列表中选择【不连续】【连续】和【查找边缘】3种擦除限制方式。
- 【容差】：用于调整与取样点色彩相近的颜色范围。
- 【保护前景色】：选中该复选框，可以保护图像中与前景色一致的区域不被擦除。

使用【背景橡皮擦工具】 ![icon] 在擦除背景图层的图像时，擦除后的图像将显示为透明效果，背景图层也将自动转换为普通图层，图2-71和图2-72所示为擦除背景图层图像的前后对比效果。

图 2-71　原图像

图 2-72　擦除图像后的效果

2.5.3　使用魔术橡皮擦工具

【魔术橡皮擦工具】 ![icon] 结合了【魔棒工具】 ![icon] 与【背景橡皮擦工具】 ![icon] 的功能，只需在图像上单击需要擦除的颜色，便可以自动擦除与该颜色相近的图像区域，擦除后的图像背景显示为透明状态。【魔术橡皮擦工具】 ![icon] 的属性栏如图2-73所示。

图 2-73　【魔术橡皮擦工具】属性栏

- 【容差】：在其中输入数值，可以设置被擦除图像颜色与取样颜色之间差异的大小，数值越小，擦除的图像颜色与取样颜色越接近。
- 【消除锯齿】：选中该复选框，会使擦除区域的边缘更加光滑。
- 【连续】：选中该复选框，可以擦除在容差范围内与指定点相连的颜色区域，如图2-74所示。取消选中此复选框，则只要在容差范围内的颜色区域都将被擦除，如图2-75所示。

● 【对所有图层取样】：选中该复选框，可以利用所有可见图层中的组合数据来采集色样，否则只采集当前图层的颜色信息。

图 2-74　连续擦除效果 　　　　　　图 2-75　非连续擦除效果

2.6　课堂案例

本节将通过调整公司年会海报尺寸和制作七夕活动海报案例，练习本章所学的Photoshop图像基本操作，包括查看图像、裁剪图像、调整画布尺寸、图像颜色的设置与填充、复制图像、翻转图像和缩放图像等操作。

2.6.1　调整公司年会海报尺寸

本案例将对图像的尺寸进行调整，首先使用【裁剪工具】 🔲 裁剪出所需的图像比例，然后再精确调整画布尺寸参数。本例的最终效果如图2-76所示。

图 2-76　公司年会海报效果

本例的具体操作步骤如下。

步骤 01　启动Photoshop 2025，打开"年会.jpg"素材图像，如图2-77所示。

步骤 02　选择【裁剪工具】 🔲 ，在图像中单击并按住鼠标进行拖动，创建一个裁剪框，未被选择的区域都以透明灰色显示，如图2-78所示。

图 2-77　素材图像

图 2-78　裁剪区域

步骤 03 在裁剪框中双击，或按Enter键即可得到裁剪后的图像，如图2-79所示。

步骤 04 按Ctrl+Z组合键，撤销上一步操作。

步骤 05 在【裁剪工具】🔲 的属性栏中设置约束比例为16：9，如图2-80所示，然后在图像窗口中单击，即可出现固定比例大小的裁剪框，如图2-81所示。

图 2-79　裁剪后的图像

图 2-80　设置约束比例

图 2-81　按约束比例裁剪图像

步骤 06 在裁剪框中双击，或单击右键，在弹出的快捷菜单中选择【裁剪】命令，即可对图像进行裁剪，效果如图2-82所示。

步骤 07 为了得到更加精确的图像尺寸，可以略微调整画布数值。选择【图像】|【画布大小】命令，打开【画布大小】对话框，设置图像的宽度为8.4厘米、高度为4.5厘米，设置定位在中心位置，如图2-83所示，单击【确定】按钮，完成图像调整。

图 2-82　裁剪效果

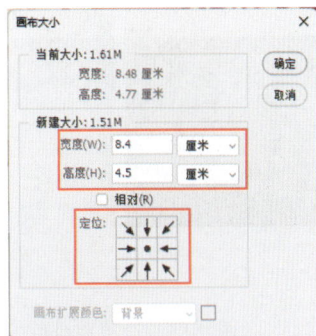

图 2-83　调整画布大小

2.6.2　制作七夕活动海报

　　本案例将制作一个七夕活动海报，主要练习颜色的设置与填充，以及图像的复制、翻转和缩放等操作。本例的最终效果如图2-84所示。

图 2-84　七夕活动海报

　　本例的具体操作步骤如下。

步骤 01　新建一个宽度为71厘米、高度为83厘米的图像文件。

步骤 02　单击工具箱底部的前景色图标，打开【拾色器(前景色)】对话框，设置前景色为淡红色(R254,G109,B116)，如图2-85所示，再按Alt+Delete组合键对背景进行填充，效果如图2-86所示。

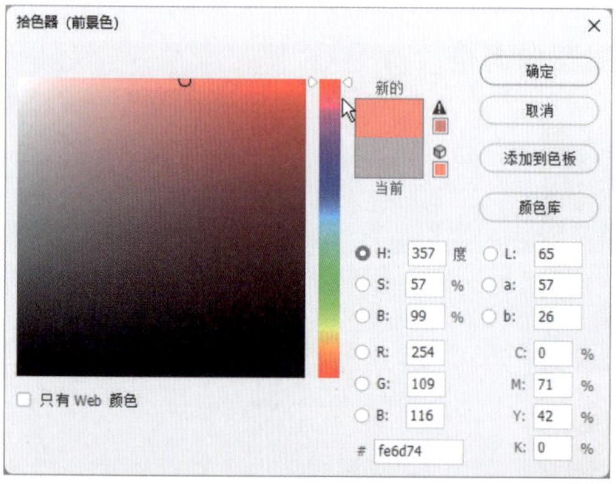

图 2-85　设置前景色

图 2-86　填充背景色

步骤 03 打开"曲线.psd"素材图像，然后选择工具箱中的【移动工具】 ⊕，将曲线拖动到创建的图像中，并放到画面底部，如图2-87所示。

步骤 04 选择【移动工具】 ⊕，按住Alt键，同时拖动曲线图像，对其进行移动复制，在【图层】面板中将显示得到的复制图层，如图2-88所示。

图 2-87　添加素材图像 　　　　　　　图 2-88　复制图像

步骤 05 选择【编辑】|【变换】|【旋转180度】命令，对复制的曲线进行旋转，再将旋转后的图像拖到画面顶部，如图2-89所示。

步骤 06 打开"气球.psd"素材图像，使用【移动工具】 ⊕ 将气球拖动到创建图像的画面左下方，效果如图2-90所示。

图 2-89　旋转图像 　　　　　　　图 2-90　添加素材图像

步骤 07 按Ctrl+J组合键将气球图像复制一次，并将复制图像向右移动，然后选择【编辑】|【变换】|【水平翻转】命令对图像进行水平翻转，再选择【编辑】|【变换】|【缩放】命令，适当调整翻转图像的大小，效果如图2-91所示。

步骤 08 选择【编辑】|【变换】|【旋转】命令，将光标放在变换框外侧，按住鼠标进行拖动，对图像进行适当旋转，如图2-92所示。

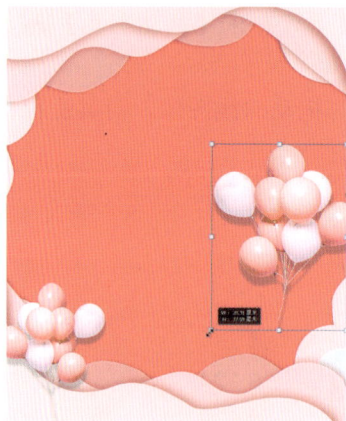

图 2-91　复制并翻转图像　　　　　图 2-92　旋转图像

步骤 09 调整好图像的旋转方向后，按Enter键对变换效果进行确认，得到的效果如图2-93
所示。

步骤 10 打开"七夕文字.psd"素材图像，使用【移动工具】 ⊕ 将文字图像拖动到编辑的图像
中，并适当调整图像的大小和位置，效果如图2-94所示。

步骤 11 选择【横排文字工具】 T.，在图像中输入海报中的文字内容，并参照如图2-95所示的
样式进行排列，完成本案例的制作。

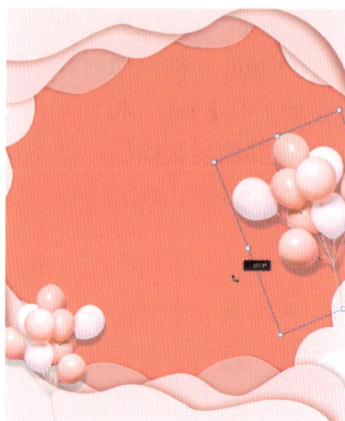

图 2-93　变换效果　　　　　　图 2-94　添加素材　　　　　　图 2-95　输入文字内容

第3章 选区的创建与应用

选区是Photoshop中最核心的功能之一，它为用户提供了对图像的精准控制能力。无论是简单的局部调整，还是复杂的图像合成，选区都扮演着不可或缺的角色。本章将学习选区的绘制与应用，掌握选区的创建与应用技巧，是提升图像编辑效率和创作能力的关键。

3.1 绘制选区

在Photoshop中，可以创建选区的工具包括选框工具、套索工具、魔棒工具、色彩范围、蒙版、通道和路径等。创建选区时，可以根据几何形状或像素颜色来选择合适的工具。

3.1.1 使用矩形选框工具

使用【矩形选框工具】 ▭ 可以绘制矩形选区，并且可以配合属性栏中的各项设置绘制出一些特定大小的矩形选区。

【练习3-1】绘制矩形选区

步骤 01 打开任意一幅图像文件，在工具箱中选择【矩形选框工具】 ▭ ，将光标移至图像窗口中，按住鼠标左键并拖动，即可创建一个矩形选区，如图3-1所示。

步骤 02 按Ctrl+D组合键取消选区，然后按住Shift键在图像中拖动鼠标，可以绘制一个正方形选区，如图3-2所示。

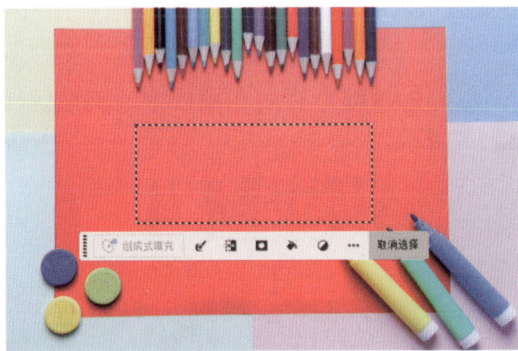

图 3-1　绘制矩形选区　　　　　　　　图 3-2　绘制正方形选区

提示

默认情况下，在绘制好选区后，选区下方将出现一个便捷工具栏，用于进行相关设置。如果该工具栏影响工作，用户可以通过选择【窗口】|【上下文任务栏】菜单命令将其关闭。

步骤 03 绘制选区后，工具属性栏如图3-3所示，在其中可以对选区进行添加选区、减少选区和交叉选区等操作。

图3-3 【矩形选框工具】属性栏

- ◻◻◻◻：该按钮组主要用于控制选区的创建方式，◻表示创建新选区，◻表示添加到选区，◻表示从选区减去，◻表示与选区交叉。
- 羽化：在该文本框中输入数值可以在创建选区后得到使选区边缘柔化的效果，羽化值越大，则选区的边缘越柔和。
- 消除锯齿：用于消除选区边缘锯齿，只有在选择【椭圆选框工具】◯时才可用。
- 样式：在该下拉列表框中可以设置选区的形状。包括【正常】【固定比例】和【固定大小】3个选项。其中【正常】为默认设置，可创建不同大小的选区；【固定比例】选项所创建的选区长宽比与设置保持一致；【固定大小】选项用于锁定选区大小。
- 选择并遮住：单击该按钮，即可进入调整选区的界面，在【属性】面板中可以选择多种显示模式，以及定义边缘的半径、对比度和羽化程度等。

步骤 04 单击属性栏中的【添加到选区】按钮◻，或按住Shift键，在绘制新选区时(如图3-4所示)，可以得到原选区加上新选区的选区效果，如图3-5所示。

图3-4 绘制新选区

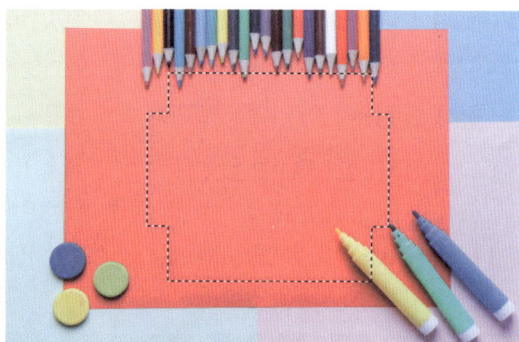

图3-5 添加新选区

步骤 05 单击属性栏中的【从选区减去】按钮◻，或按住Alt键，然后在图像中绘制选区(如图3-6所示)，可以得到减去原选区的选区效果，如图3-7所示。

图3-6 绘制选区

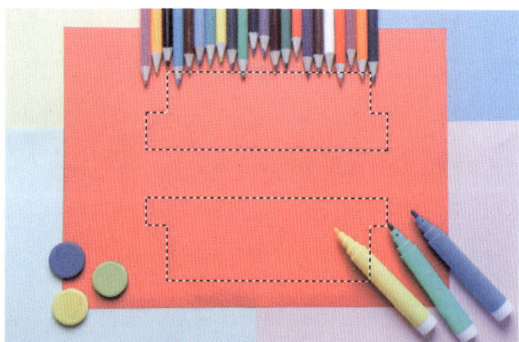

图3-7 减去选区

步骤 06 单击属性栏中的【与选区交叉】按钮▣，或按住Shift+Alt组合键，然后在图像中绘制选区(如图3-8所示)，可以得到与原选区交叉的选区效果，如图3-9所示。

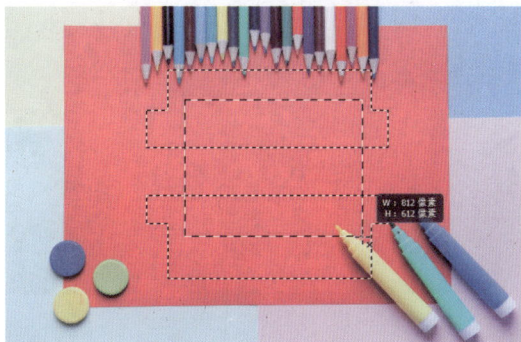

图 3-8　绘制选区

图 3-9　交叉选区

3.1.2　使用椭圆选框工具

使用【椭圆选框工具】○可以绘制椭圆形和圆形选区，其属性栏中的选项及功能与【矩形选框工具】▢相同。选择【椭圆选框工具】○，将光标移到图像窗口中，然后按住鼠标左键并拖动，即可创建椭圆形选区，如图3-10所示。在绘制椭圆形选区的过程中，按住Shift键可以创建圆形选区，如图3-11所示。

图 3-10　绘制椭圆形选区

图 3-11　绘制圆形选区

💡 **提示**

在绘制椭圆形选区的过程中，用户可以按住 Alt 键以光标起点为中心绘制椭圆形选区。也可以按住 Alt ＋ Shift 组合键以光标起点为中心绘制圆形选区。

3.1.3　使用单行、单列选框工具

使用【单行选框工具】═或【单列选框工具】▯可以在图像窗口中绘制1个像素宽度的水平或垂直选区，选区长度会随着图像窗口的尺寸变化。

在工具箱中选择【单行选框工具】═或【单列选框工具】▯，然后在图像窗口中单击，即可创建出1个像素大小的单行或单列选区，分别如图3-12和图3-13所示。

图 3-12　绘制多个单行选区

图 3-13　绘制多个单列选区

3.1.4　使用套索工具组

通过选框工具组只能创建规则的几何选区，而在实际工作中，常常需要创建各种不规则形状的选区，这时可以通过套索工具组来完成，该工具组中的属性栏选项及功能与选框工具组相同。

1. 套索工具

【套索工具】 ❍.主要用于创建手绘类的不规则选区，一般不用于精确绘制选区。

选择工具箱中的【套索工具】 ❍.，将光标移到要选取的图像的起始点，然后按住鼠标左键不放沿图像的轮廓移动光标，如图3-14所示，完成后释放鼠标，绘制的套索线将自动闭合成为选区，如图3-15所示。

图 3-14　按住鼠标拖动

图 3-15　得到选区

2. 多边形套索工具

【多边形套索工具】 ❤.适用于边界为直线型图像的选取，它可以轻松地绘制出多边形形态的图像选区。

选择工具箱中的【多边形套索工具】 ❤.，在图像中作为创建选区的起点位置单击，然后移动光标并单击，以创建选区中的其他点，如图3-16所示，最后将光标移到起始点处，当光标变成 ❤ 形态时单击，即可生成最终的选区，如图3-17所示。

图 3-16　创建多边形选区

图 3-17　得到选区

3. 磁性套索工具

【磁性套索工具】 可以轻松绘制外边框较为复杂的图像选区，它能够在图像颜色与背景颜色反差较大的区域自动创建选区。

选择工具箱中的【磁性套索工具】 按钮，按住鼠标左键不放沿图像的轮廓拖动光标，光标经过的地方会自动产生节点，并自动捕捉图像中对比度较大的图像边界，如图3-18所示，当到达起始点时单击鼠标即可得到一个封闭的选区，如图3-19所示。

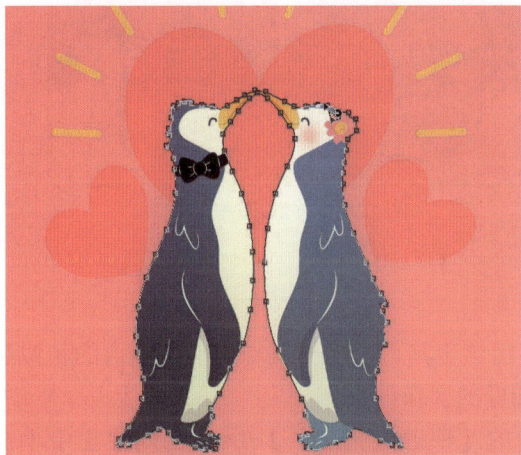

图 3-18　沿图像边缘创建选区

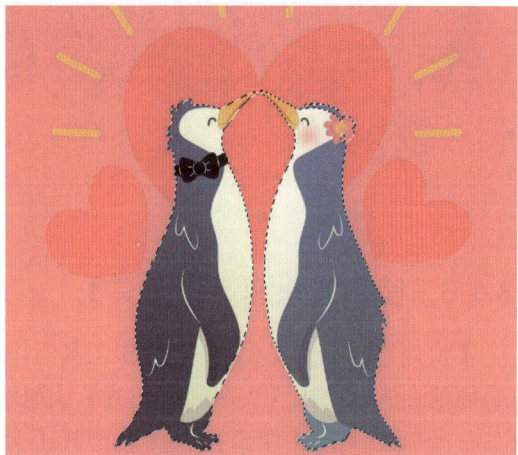

图 3-19　得到选区

💡 **提示**

在使用【磁性套索工具】 时，可能会由于抖动或其他原因在边缘生成一些多余的节点，这时可以按 Delete 键删除最近创建的磁性节点，然后继续绘制选区。

3.1.5　使用【魔棒工具】创建选区

使用【魔棒工具】 可以选择颜色一致的图像，从而获取选区，因此该工具常用于选择颜色对比较强的图像。

🖌 【练习3-2】使用【魔棒工具】获取选区

步骤 01 打开任意一幅图像文件，然后选择工具箱中的【魔棒工具】 ，其属性栏如图3-20所示。

图 3-20　【魔棒工具】属性栏

- 容差：用于设置选取的色彩范围值，单位为像素，取值范围为0~255。输入的数值越大，选取的颜色范围就越大；数值越小，选择的颜色值就越接近，得到选区的范围就越小。
- 消除锯齿：用于消除选区边缘锯齿。
- 连续：选中该复选框，表示只选择颜色相邻的区域，取消选中时会选取颜色相同的所有区域。
- 对所有图层取样：当选中该复选框后，可以在所有可见图层上选取相近的颜色区域。

步骤 02　在属性栏中将【容差】值设置为60，并选中【连续】复选框。然后在图像中单击背景区域，即可获取连续部分的图像选区，如图3-21所示。

步骤 03　改变属性栏中的【容差】值为90，并取消选中【连续】复选框，然后单击图像背景，将获取更多的图像选区，如图3-22所示。

图 3-21　获取连续选区

图 3-22　获取不连续选区

3.1.6　使用【快速选择工具】

　　【快速选择工具】位于魔棒工具组中，使用该工具可以根据鼠标拖动范围内的相似颜色来创建选区。使用【快速选择工具】快速选择图像的操作如下。

　　打开任意一幅图像文件，然后选择工具箱中的【快速选择工具】，在属性栏中单击【画笔】选项按钮，并在弹出的面板中设置画笔大小(如30像素)，如图3-23所示。在图像中按住鼠标左键并拖动，光标经过的区域将变为选区，如图3-24所示。

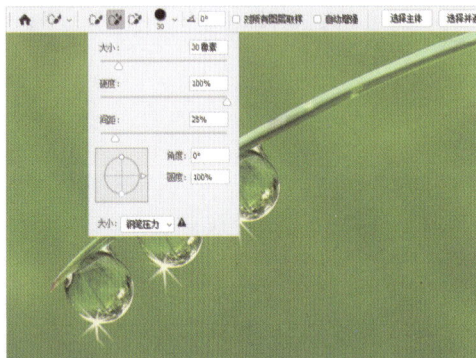

图 3-23　【快速选择工具】属性栏

图 3-24　获取选区

3.1.7　使用【色彩范围】命令

使用【色彩范围】命令可以在图像中创建与预设颜色相似的图像选区，并且可以根据需要调整预设颜色，与【魔棒工具】 ![魔棒] 的功能相似。使用【色彩范围】命令选择图像的操作如下。

打开任意一幅图像文件，选择【选择】|【颜色范围】命令，打开【颜色范围】对话框，单击图像中需要选取的颜色，然后进行【颜色容差】的设置，如图3-25所示。单击【确定】按钮，回到图像窗口中，可以得到图像选区，如图3-26所示。

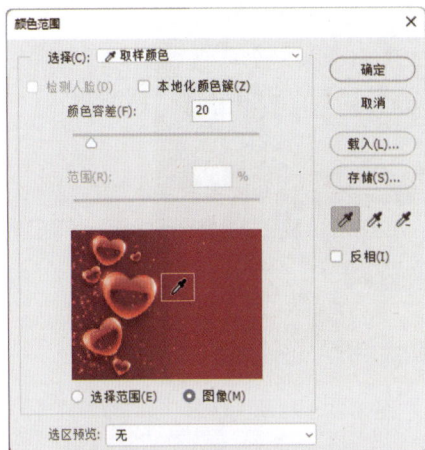

图 3-25　【颜色范围】对话框　　　　　图 3-26　图像选区

> **提示**
>
> 【颜色范围】对话框中的【颜色容差】选项与【魔棒工具】属性栏中的【容差】选项功能相同，用于调整颜色容差值的大小。

3.1.8　全选图像

在一幅图像中，如果要获取整幅图像的选区，可以选择【选择】|【全部】命令，或按Ctrl＋A组合键，即可全选窗口中的图像。

3.1.9　反选图像

选择【选择】|【反选】命令，或按Shift+Ctrl+I组合键，可以选取图像中除选区以外的图像区域。该命令常配合选框工具、套索工具等使用。

3.1.10　取消选区

选区应用完毕后应及时取消选区，否则以后的操作始终只对选区内的图像有效。选择【选择】|【取消选择】命令，或按Ctrl+D组合键，即可取消选区。

3.2　修改选区

在图像中创建好选区后，用户还可以根据需要对选区进行修改，如对选区进行移动、扩展、收缩、增加或平滑等操作。

3.2.1 移动图像选区

创建好选区后，用户可以根据需要对选区的位置进行调整。在Photoshop中，可以对选区进行移动，还可以同时移动选区和选区中的图像。

使用选框工具可以直接移动选区。在图像中创建一个选区，如图3-27所示。然后将光标置于选区中，当光标变成↳形状时，按住鼠标左键(此时光标将变为▶形状)进行拖动，即可移动选区，如图3-28所示。

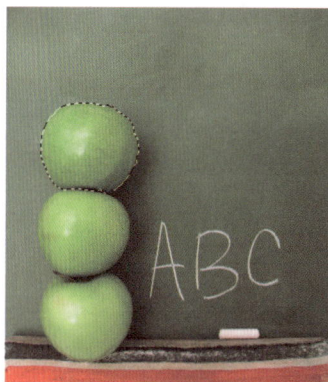

图 3-27　创建选区　　　　　　　图 3-28　移动选区

使用【移动工具】 ⊕ 在移动选区的同时，还可以移动选区中的图像。在图像中创建好选区后，选择工具箱中的【移动工具】 ⊕ ，然后拖动选区，此时将移动选区及选区内的图像，原位置的图像将以背景色填充，如图3-29所示。

💡 **提示**

选择工具箱中的【移动工具】 ⊕ ，然后按住 Alt 键移动选区，此时可以移动并且复制选区中的图像，如图 3-30 所示。

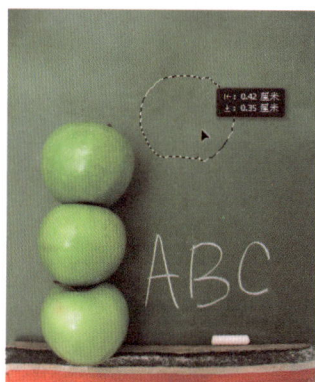

图 3-29　移动选区图像　　　　　　图 3-30　移动并复制选区图像

3.2.2 增加选区边界

Photoshop中提供了一个用于修改选区的【边界】命令，使用该命令可以在选区边界处向内或向外增加一条边界。

【练习3-3】创建选区边界

步骤 01 打开任意一个图像文件，使用椭圆选框工具在图像中创建一个选区，如图3-31所示。

步骤 02 选择【选择】|【修改】|【边界】命令，打开【边界选区】对话框，设置【宽度】为15像素，如图3-32所示。

图 3-31　创建选区 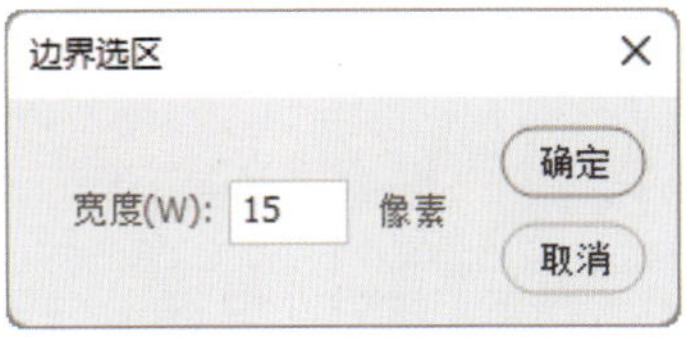　　　　　　　　图 3-32　设置边界选区

步骤 03 单击【确定】按钮，即可得到增加的选区边界，如图3-33所示，设置前景色为白色，按Alt+Delete组合键对选区进行填充，得到的图像效果如图3-34所示。

图 3-33　增加选区边界 　　　　　　　图 3-34　填充选区

3.2.3　扩展和收缩图像选区

扩展选区是在原始选区的基础上将选区进行扩展；而收缩选区是扩展选区的逆向操作，可以将选区向内进行缩小。

在图像中绘制选区后，选择【选择】|【修改】|【扩展】命令，可打开【扩展选区】对话框设置扩展选区，如图3-35所示；选择【选择】|【修改】|【收缩】命令，可打开【收缩选区】对话框设置收缩选区，如图3-36所示。

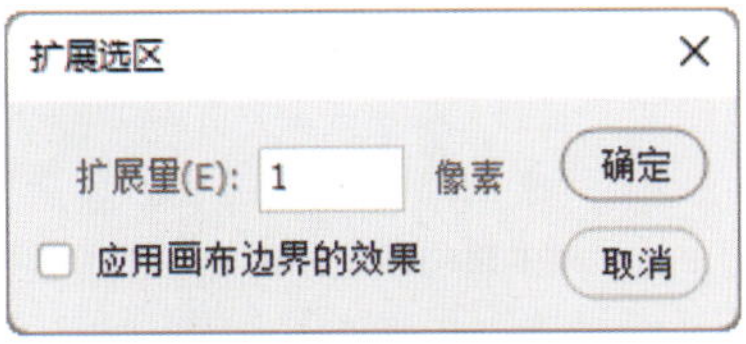

图 3-35　扩展选区 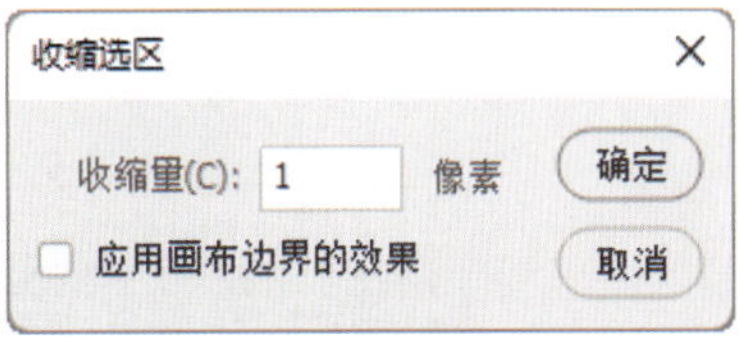　　　　　　　　图 3-36　收缩选区

3.2.4 平滑图像选区

使用【平滑】选区命令可以对选区的平滑度进行设置，并消除选区边缘的锯齿。平滑选区的操作如下。

在图像窗口中绘制一个选区，如图3-37所示。选择【选择】|【修改】|【平滑】命令，在打开的【平滑选区】对话框中设置【取样半径】选项，如图3-38所示，然后单击【确定】按钮，即可得到平滑的选区，如图3-39所示。

图 3-37 绘制选区   图 3-38 【平滑选区】对话框   图 3-39 平滑选区

> 💡 提示
>
> 在【平滑选区】对话框中设置选区的平滑度时，【取样半径】值越大，选区的轮廓越平滑，同时也会失去选区中的细节，因此，应该合理设置【取样半径】值。

3.2.5 羽化选区

使用【羽化】选区命令可以柔化选区的边缘，主要是通过扩散选区的轮廓来达到模糊边缘的目的，羽化选区能平滑选区边缘，并产生淡出效果。

📖 【练习3-4】羽化选区

步骤 01 打开"背影.jpg"图像文件，使用【套索工具】 ⊘ 在图像中选取图像中间区域，如图3-40所示。

步骤 02 选择【选择】|【修改】|【羽化】命令，打开【羽化选区】对话框，设置【羽化半径】为80像素，如图3-41所示。

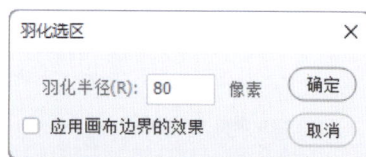

图 3-40 绘制选区   图 3-41 设置羽化参数

步骤 03 单击【确定】按钮，得到的羽化选区效果如图3-42所示。

步骤 04 选择【图像】|【调整】|【亮度/对比度】命令，打开【亮度/对比度】对话框，可以对羽化后的选区进行亮度调整，效果如图3-43所示。

图 3-42　羽化选区

图 3-43　调整选区亮度

3.3　编辑选区

有时在图像窗口中创建的选区并不能达到实际要求，使用Photoshop中的选区编辑功能，可以对选区进行一些特殊处理。

3.3.1　变换图像选区

使用【变换选区】命令可以对选区进行自由变形，而不会影响选区中的图像，其中包括移动选区、缩放选区、旋转与斜切选区等。

🔧【练习3-5】变换选区

步骤 01 打开任意一幅图像文件，然后在图像中绘制一个圆形选区。

步骤 02 选择【选择】|【变换选区】命令，选区四周即可出现8个控制点，如图3-44所示。

步骤 03 拖动任意控制点即可等比例缩放选区大小，按住Alt键可以相对选区中心进行缩放，如图3-45所示。

图 3-44　显示控制点

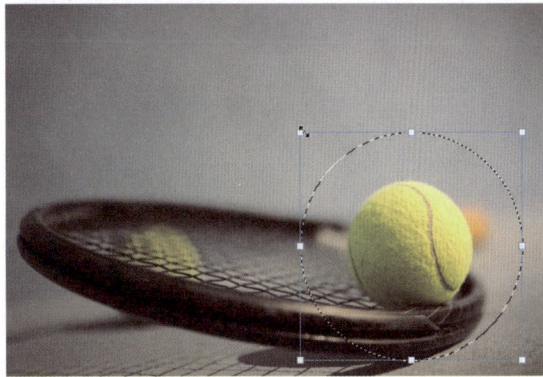

图 3-45　变换选区

步骤 04 按住Shift键将光标置于控制框任意控制点上，然后按住并拖动鼠标，可以改变选区的宽窄或长短，如图3-46所示。

步骤 05 将光标置于控制框四个角点上，然后按住并拖动鼠标，可以旋转选区，如图3-47所示。

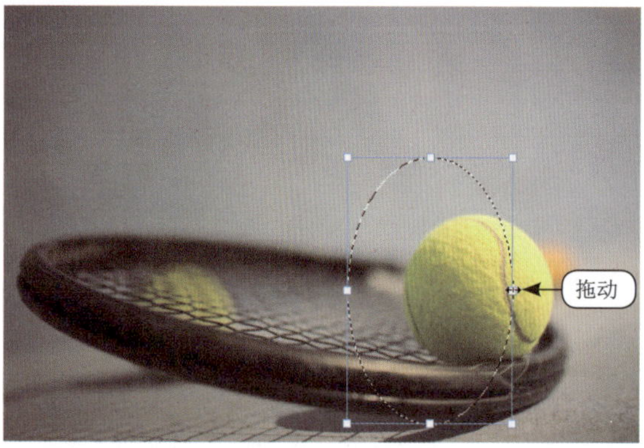

图 3-46　变形选区

图 3-47　旋转选区

提示 【换选区】命令与【自由变换】命令的相似之处在于：都可以进行缩放、斜切、旋转、扭曲、透视等操作；不同之处在于：【变换选区】只针对选区进行操作，不能对图像进行变换，而【自由变换】命令可以同时对选区和图像进行操作，移动选区中的图像后，原位置将自动以背景色填充。

步骤 06 将光标置于控制框内，然后按住并拖动鼠标，可以移动选区的位置，如图3-48所示，按Enter键或双击鼠标，即可完成选区的变换操作，如图3-49所示。

图 3-48　移动选区

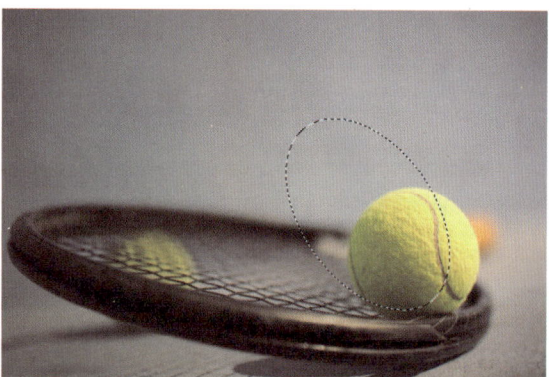

图 3-49　结束选区变换

3.3.2　描边图像选区

【描边】命令可以使用一种颜色填充选区边界，还可以设置填充的宽度。在图像中绘制好选区，如图3-50所示，然后选择【编辑】|【描边】命令，打开【描边】对话框，在该对话框中可以设置描边的【宽度】值和描边的位置、颜色等，如图3-51所示。单击【确定】按钮，即可得到选区描边效果，如图3-52所示。

图 3-50　创建选区　　　　　图 3-51　【描边】对话框　　　　　图 3-52　选区描边效果

3.4　存储与载入选区

在图像编辑过程中，可以通过存储选区和载入选区操作，将复杂的图像选区保存下来，并在需要时直接调用。这一功能避免了重复创建选区的麻烦，显著提高了工作效率。

3.4.1　存储选区

创建好图像选区后，可以使用【存储选区】命令将图像选区保存下来。

【练习3-6】保存选区

步骤 01　打开"心.jpg"图像文件，如图3-53所示。

步骤 02　使用【魔棒工具】 在图像中选择心形图像区域，如图3-54所示。

图 3-53　打开图像　　　　　　　图 3-54　选中心形

步骤 03　选择【选择】|【存储选区】命令，打开【存储选区】对话框，设置存储通道的位置及名称，如图3-55所示。

步骤 04　设置好存储选区的各选项后进行确定，然后可以在【通道】面板中查看存储的选区，如图3-56所示。

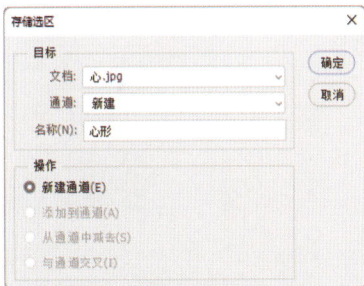

图 3-55　【存储选区】对话框　　　　　图 3-56　存储在通道中的选区

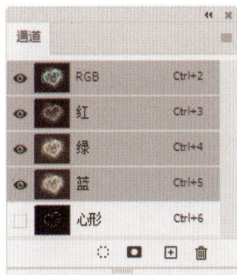

【存储选区】对话框中常用选项的作用如下。

- 文档：在右方的下拉列表框中，可以选择创建存储选区的文档。
- 通道：用于设置作为选区要存储的图层或通道。
- 名称：用于设置存储通道的名称。
- 操作：用于选择通道的处理方式。

3.4.2　载入选区

将选区保存好后，在需要使用保存的选区时，可以将该选区直接载入使用。

👉【练习3-7】载入选区

步骤 01 打开"载入选区.psd"图像文件，该图像文件中存储了【圆形】和【小老鼠】两个选区。

步骤 02 选择【选择】|【载入选区】命令，打开【载入选区】对话框，在【通道】下拉列表中选择【圆形】作为载入的选区，如图3-57所示。

步骤 03 单击【确定】按钮，即可将存储好的【圆形】选区载入图像窗口中，如图3-58所示。

图 3-57　选择要载入的选区

图 3-58　载入的圆形选区

步骤 04 选择【选择】|【载入选区】命令，打开【载入选区】对话框，在【通道】下拉列表中选择【小老鼠】作为载入的选区，如图3-59所示。

步骤 05 单击【确定】按钮，即可将存储好的【小老鼠】选区载入图像窗口中，如图3-60所示。

图 3-59　选择要载入的选区

图 3-60　载入的选区

3.5　课堂案例

本节将综合运用所学的Photoshop选区知识，包括创建各种不同形状的选区、修改选区和编辑选区等。通过制作初夏服饰广告和更换平板电脑桌面图像案例，巩固使用选区功能选择局部图像区域进行图像处理的技能。

▍3.5.1　制作初夏服饰广告

本案例将通过制作初夏服饰广告，重点练习选区的创建、修改以及选区描边等操作。本例的最终效果如图3-61所示。

本例的具体操作步骤如下。

步骤 01 打开"蓝色背景.jpg"图像文件，使用【矩形选框工具】 ▣ 在图像中绘制一个矩形选区，填充为淡蓝色(R217,G244,B255)，如图3-62所示。

步骤 02 选择【选择】|【修改】|【扩展】命令，打开【扩展选区】对话框，设置扩展量为100像素，如图3-63所示。

图 3-61　案例效果

图 3-62　绘制选区

图 3-63　设置扩展参数

步骤 03 单击【确定】按钮，得到扩展选区效果，如图3-64所示。

步骤 04 选择【编辑】|【描边】命令，打开【描边】对话框，设置描边颜色为淡蓝色(R217,G244,B255)，宽度为12像素，然后单击【确定】按钮，如图3-65所示。

图 3-64　扩展选区效果

图 3-65　【描边】对话框

步骤 05 按Ctrl+D组合键取消选区，选区的描边效果如图3-66所示。

步骤 06 打开"树叶文字.psd"图像文件，使用【移动工具】 ⊕ 将其拖动过来，放到淡蓝色矩形中，如图3-67所示。

图 3-66　描边效果

图 3-67　添加素材图像

步骤 07 在工具箱中选择【横排文字工具】 **T**，在矩形中输入其他广告文字，并填充为深蓝色(R198,G199,B194)，然后排列成如图3-68所示的效果。

步骤 08 在工具箱中选择【矩形选框工具】 ⬚ ，在图像中绘制一个矩形选区，并填充为深蓝色(R198,G199,B194)，效果如图3-69所示。

图 3-68　输入文字

图 3-69　绘制矩形选区

步骤 09 选择【选择】|【修改】|【收缩】命令，打开【收缩选区】对话框，设置收缩量为20像素，如图3-70所示，然后单击【确定】按钮，得到收缩后的选区。

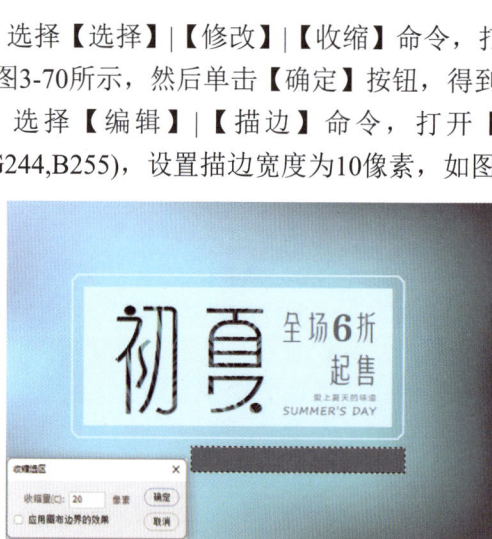

步骤 10 选择【编辑】|【描边】命令，打开【描边】对话框，设置描边颜色为淡蓝色(R217,G244,B255)，设置描边宽度为10像素，如图3-71所示，然后单击【确定】按钮。

图 3-70　设置收缩参数

图 3-71　设置描边

步骤 11 选择【横排文字工具】 **T**，在图像中输入广告文字，设置字体为黑体，设置填充颜色为淡蓝色(R217,G244,B255)，效果如图3-72所示。

步骤 12 打开"树叶.psd"图像文件，使用【移动工具】✛将其拖动过来，放到画面周围，如图3-73所示，完成本案例的制作。

图 3-72　输入广告文字

图 3-73　完成效果

3.5.2　制作平板电脑桌面图像

本案例将制作平板电脑桌面图像效果，重点练习选区的创建和编辑，以及填充选区等操作，本例的最终效果如图3-74所示。

本例的具体操作步骤如下。

步骤 01 打开"背景图.jpg"图像文件，选择【魔棒工具】✎，单击图像中的灰色区域获取图像选区，然后按Shift+Ctrl+I组合键，对选区进行反选，选区效果如图3-75所示，然后按Ctrl+C组合键复制选区内的图像。

步骤 02 打开"平板电脑.jpg"图像文件，选择【魔棒工具】✎，单击图像中的灰白色区域，获取平板电脑桌面选区，如图3-76所示。

图 3-74　案例效果

图 3-75　创建图像选区

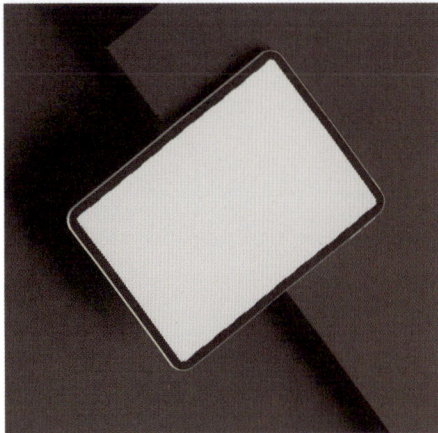

图 3-76　创建平板电脑桌面选区

步骤 03 按Ctrl+J组合键，复制选区内的图像，并得到新的图层，此时的【图层】面板如图3-77所示。

步骤 04 按Ctrl+V组合键，粘贴之前复制的背景图，按Ctrl+T组合键，调整图像大小并旋转，使其符合平板电脑中的灰色图像大小，如图3-78所示。

步骤 05 按住Ctrl键单击图层1，载入图像选区，然后按Shift+Ctrl+I组合键，对选区进行反选，再按Delete键，将图层2中的多余图像删除，效果如图3-79所示。

图 3-77　【图层】面板　　　　图 3-78　复制并调整图像　　　　图 3-79　删除多余图像

步骤 06 按住Ctrl键单击图层2，载入图像选区，然后选择【多边形套索工具】，在工具属性栏中单击【从选区减去】按钮，绘制一个要减选的选区，如图3-80所示，减选后的选区效果如图3-81所示。

步骤 07 新建一个图层，设置前景色为白色，选择【画笔工具】，适当降低画笔的不透明度，然后在选区边缘处绘制部分图像，得到反光图像，最终效果如图3-82所示。

图 3-80　绘制减选选区　　　　图 3-81　减选后的选区效果　　　　图 3-82　图像效果

第4章 图像色彩调整

本章将学习图像色彩的调整与编辑。对于图形设计者来说，色彩校正是至关重要的。在Photoshop中，设计者可以通过【调整】菜单对图像的色调进行调整，并进行有效的色彩校正。Photoshop提供了强大的色彩调整功能，能够调整图像的亮度、对比度、色彩平衡和饱和度等。此外，它还可以修复曝光不足的照片、校正偏色的图像，并制作出各种特殊的色彩效果。

4.1 调整图像明暗度

在图像处理过程中，调整图像的明暗度是一项常见且重要的操作。通过改变图像的亮度和对比度，可以优化画面的视觉效果，修正曝光问题，或增强图像的细节表现。Photoshop提供了多种明暗度调整命令，帮助用户快速实现明暗度的调整，从而提升图像的整体质量。

4.1.1 亮度/对比度

使用【亮度/对比度】命令可以整体调整图像的亮度和对比度，从而实现对图像色调的优化。通过增加亮度，图像会显得更加明亮；降低亮度则会使图像变暗。同时，提高对比度可以增强图像中明暗部分的差异，使画面更加鲜明；降低对比度则会让图像显得柔和。

【练习4-1】调整图像的亮度和对比度

步骤 01 打开"火焰轮胎.jpg"素材文件作为需要调整亮度和对比度的图像，如图4-1所示。

步骤 02 选择【图像】|【调整】|【亮度/对比度】命令，打开【亮度/对比度】对话框，设置【亮度】和【对比度】选项，如图4-2所示。

步骤 03 单击【确定】按钮，得到调整亮度和对比度后的效果，如图4-3所示。

图 4-1 打开素材 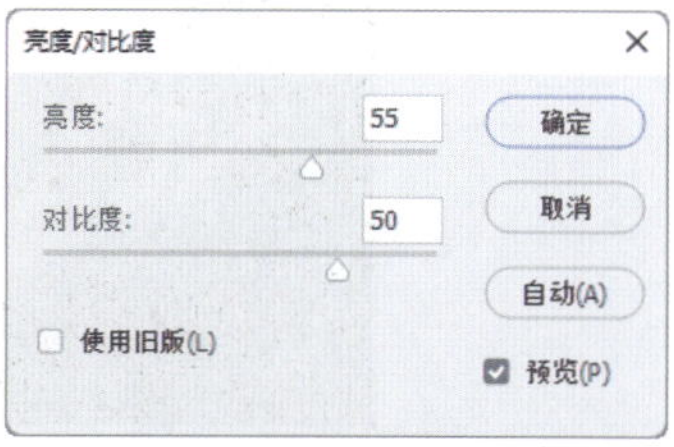　　　　　图 4-2 设置亮度/对比度 　　　　　图 4-3 调整后的效果

> **提示**
>
> 在 Photoshop 中，可以使用【调整】菜单中的【自动色调】【自动对比度】和【自动颜色】3 个命令快速调整图像颜色。【自动色调】命令自动调整图像中的高光和暗调，使图像呈现出更好的层次效果；【自动对比度】命令不仅能自动调整图像色彩的对比度，还能优化图像的明暗度，使画面更加鲜明；【自动颜色】命令通过分析图像内容，自动调整图像的对比度和颜色，使色彩更加自然和平衡。

4.1.2 色阶

【色阶】命令主要用于调整图像中颜色的明暗度，能够对图像的阴影、中间调和高光的强度进行精确调整。该命令不仅可以对整个图像进行操作，还可以针对图像的某一选取范围、某一图层图像，或者某一个颜色通道进行单独调整，从而实现更灵活和精细的色彩控制。

📎【练习4-2】调整图像明暗度

步骤 01 打开"火焰.jpg"素材文件作为需要调整色阶的图像，如图4-4所示。

步骤 02 选择【图像】|【调整】|【色阶】命令，打开【色阶】对话框，拖动【输入色阶】直方图下方的三角形滑块，可以分别调整图像的暗部色调、中间色调和亮部色调，如图4-5所示。

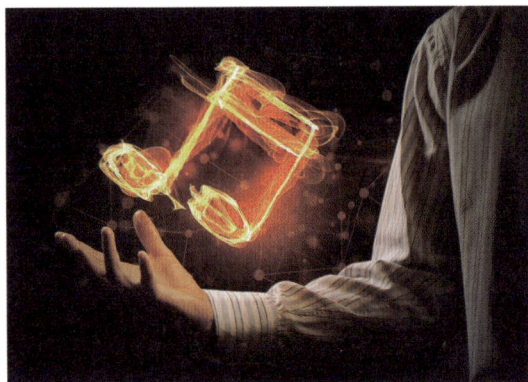

图 4-4　素材图像

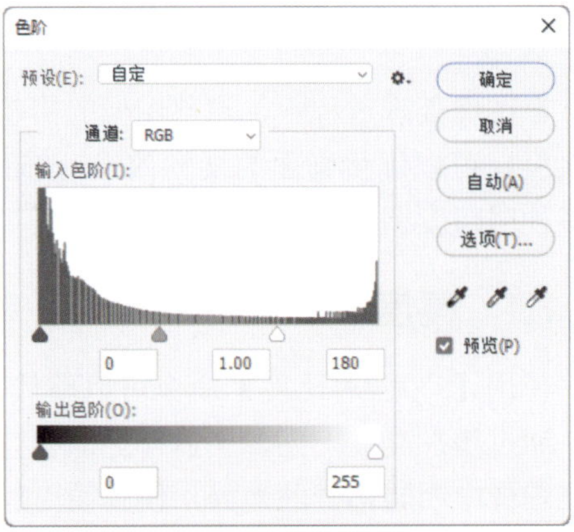

图 4-5　调整输入色阶

步骤 03 拖动【输出色阶】选项下方的三角形滑块，可以调整图像的亮度范围，如图4-6所示。

步骤 04 单击【确定】按钮，调整色阶后的图像效果如图4-7所示。

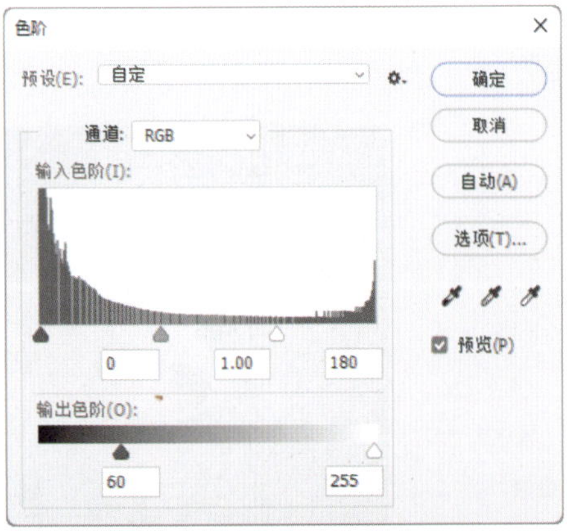

图 4-6　调整输出色阶

图 4-7　图像效果

【色阶】对话框中常用选项的作用如下。

- 【通道】下拉列表：用于设置要调整的颜色通道。它包括图像的色彩模式和原色通道。
- 【输入色阶】文本框：从左至右分别用于设置图像的暗部色调、中间色调和亮部色调，可以在文本框中直接输入相应的数值，也可以拖动色调直方图底部滑动条上的3个滑块来进行调整。
- 【输出色阶】文本框：用于调整图像的亮度和对比度，范围为0~255；右边的编辑框用来降低亮部的亮度，范围为0~255。
- 【自动】按钮：单击该按钮可自动调整图像中的整体色调。

提示

按 Ctrl+L 组合键，可以快速打开【色阶】对话框。在【色阶】对话框中的【输入色阶】或【输出色阶】文本框中输入色阶值，可以精确地设置图像的色阶参数。

4.1.3　调整曲线

【曲线】命令在图像色彩调整中的使用非常广，它可以对图像的色彩、亮度和对比度进行综合调整，并且在从暗调到高光色调范围内，可以对多个不同的点进行调整。

选择【图像】|【调整】|【曲线】命令，可打开【曲线】对话框，如图4-8所示，该对话框中包含了一个色调曲线图，其中曲线的水平轴代表图像原来的亮度值，即输入值；垂直轴代表调整后的亮度值，即输出值。

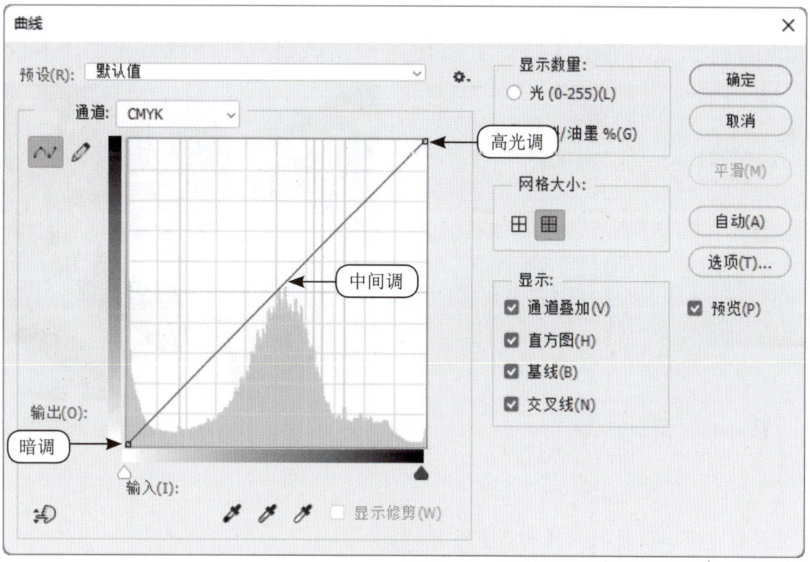

图 4-8　【曲线】对话框

【曲线】对话框中常用选项的作用如下。

- 通道：用于显示当前图像文件的色彩模式，并可从中选取单色通道对单一的色彩进行调整。
- 输入：用于显示原来图像的亮度值，与色调曲线的水平轴相同。
- 输出：用于显示图像处理后的亮度值，与色调曲线的垂直轴相同。

- 编辑点以修改曲线 $\sim$：是系统默认的曲线工具，用于在图表的各处创建节点而产生色调曲线。
- 通过绘制来修改曲线 $\mathscr{O}$：用于在图表上绘制出需要的色调曲线。单击该按钮，当光标变成画笔后，可用画笔徒手绘制色调曲线。

【练习4-3】使用【曲线】调整图像

步骤 01 打开"机器人.jpg"素材文件作为需要调整色彩的图像，如图4-9所示。

步骤 02 选择【图像】|【调整】|【曲线】命令，打开【曲线】对话框，在曲线上方的【高光调】处单击，创建一个节点，然后按住鼠标将其向上拖动，如图4-10所示。

图 4-9　素材文件

图 4-10　调整曲线

步骤 03 在曲线的【中间调】与【暗调】之间单击，创建一个节点，然后将节点向下方拖动，如图4-11所示。

步骤 04 完成曲线的调整后，单击【确定】按钮，得到调整后的图像效果如图4-12所示。

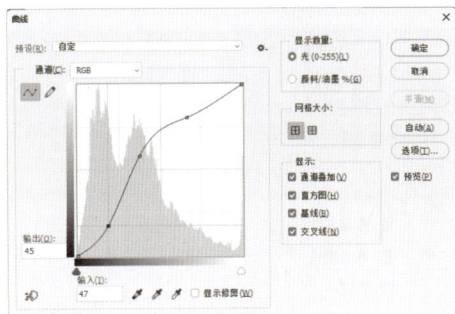

图 4-11　调整曲线

图 4-12　调整后的图像

提示

按 Ctrl+M 组合键，可以快速打开【曲线】对话框。

4.1.4　曝光度

【曝光度】命令主要用于调整HDR图像的色调，也可用于8位和16位图像。【曝光度】是通过在线性颜色空间(灰度系数 1.0)而不是当前颜色空间执行计算而得出的。

打开一幅需要调整曝光度的图像，如图4-13所示，然后选择【图像】|【调整】|【曝光度】命令，打开【曝光度】对话框，分别调整【曝光度】【位移】和【灰度系数校正】选项中

的参数，再单击【确定】按钮，完成图像曝光度的调整，效果如图4-14所示。

图 4-13　原图像　　　　　　　　　　　　图 4-14　调整图像的曝光度

【曝光度】对话框中常用选项的作用如下。

- 预设：该下拉列表中有Photoshop默认的几种设置，可以进行简单的图像调整。
- 曝光度：用于调整色调范围的高光端，对阴影的影响很轻微。
- 位移：用于调整阴影和中间调，对高光的影响很轻微。
- 灰度系数校正：该选项通过简单的乘方函数来调整图像的灰度系数。即使输入值为负，系统也会将其视为相应的正值进行处理。也就是说，尽管这些值为负，但它们仍然会像正值一样被调整，从而实现对图像灰度系数的修正。

4.2　调整图像色调

在图像处理过程中，色调调整是一项常见的操作。色调是指一幅图像的整体色彩倾向或氛围。当用户将一幅图像添加到另一幅效果图中时，为了使画面整体协调统一，通常需要将两幅图像的色调调整一致。

4.2.1　自然饱和度

【自然饱和度】能精细地调整图像的饱和度，以便在颜色接近最大饱和度时最大限度地减少颜色的流失。使用【自然饱和度】命令在调整人物图像时还可防止肤色过度饱和。

📎【练习4-4】调整图像饱和度

步骤 01　打开"广告.jpg"素材文件作为需要调整饱和度的图像，如图4-15所示。

步骤 02　选择【图像】|【调整】|【自然饱和度】命令，打开【自然饱和度】对话框，分别将【自然饱和度】和【饱和度】下面的三角形滑块向右拖动，以增加图像的饱和度，如图4-16所示。

步骤 03　调整图像饱和度到合适的值后，单击【确定】按钮完成操作，得到如图4-17所示的效果。

图 4-15　素材图像　　　　　　图 4-16　调整图像的饱和度　　　　　　图 4-17　调整后的效果

4.2.2　色相/饱和度

使用【色相/饱和度】命令可以调整图像中单个颜色成分的色相、饱和度和明度，从而实现图像色彩的改变。还可以通过给像素指定新的色相和饱和度，为灰度图像添加颜色。

👉 【练习4-5】调整图像的色相与饱和度

步骤 01 打开"新春吉祥.jpg"素材文件作为需要调整颜色的图像，如图4-18所示。

步骤 02 选择【图像】|【调整】|【色相/饱和度】命令，打开【色相/饱和度】对话框，分别调整色相为8、饱和度为30、明度为5，如图4-19所示。

图 4-18　原图像效果

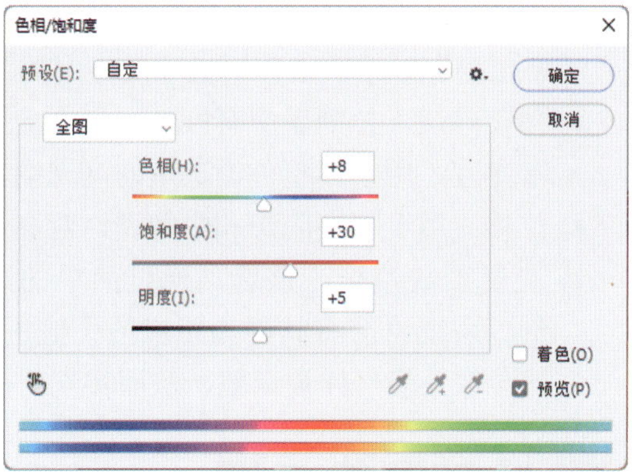

图 4-19　调整参数

步骤 03 完成后单击【确定】按钮，得到的效果如图4-20所示。

【色相/饱和度】对话框中常用选项的作用如下。

- 全图：用于选择作用范围。如选择【全图】选项，则将对图像中所有颜色的像素起作用，其余选项表示对某一颜色成分的像素起作用。

图 4-20　图像效果

- 色相/饱和度/明度：调整所选颜色的色相、饱和度或明度。
- 着色：选中该复选框，可以将图像调整为灰色或单色的效果。

4.2.3　色彩平衡

使用【色彩平衡】命令可以增加或减少图像中的颜色，从而整体调整图像的色彩平衡。该命令通过分别调整图像的阴影、中间调和高光部分的颜色比例，能够有效校正图像中出现的偏色问题，使色彩更加自然和协调。因此，【色彩平衡】命令在处理偏色情况时具有很好的效果。

👉 【练习4-6】使用【色彩平衡】命令调整图像

步骤 01 打开"装饰.jpg"素材文件作为需要调整色彩的图像，如图4-21所示。

步骤 02 选择【图像】|【调整】|【色彩平衡】命令，打开【色彩平衡】对话框，向右拖动青色和红色之间的三角形滑块，增加红色；向右拖动第二排的滑块，增加绿色；向左拖动第三排的滑块，增加黄色，如图4-22所示。

步骤 03 单击【确定】按钮返回到画面中，得到调整色彩后的图像效果，如图4-23所示。

图 4-21　素材图像 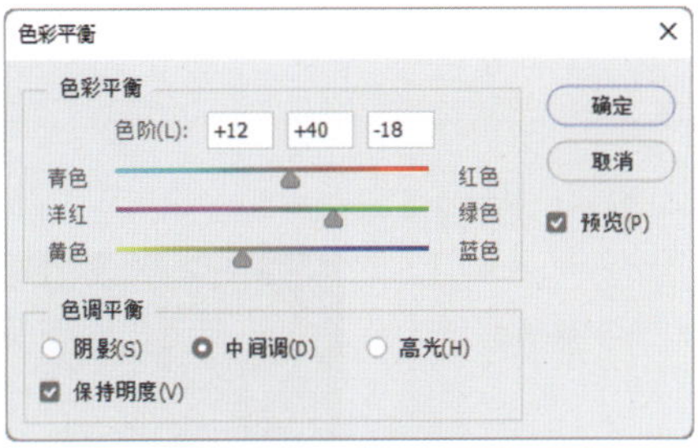　　　　　图 4-22　调整图像色彩 　　　　　图 4-23　调整后的图像

【色彩平衡】对话框中常用选项的作用如下。

- 色彩平衡：用于在【阴影】【中间调】或【高光】中添加过渡色，以平衡图像的整体色彩效果。用户可以通过拖动滑块或直接在色阶框中输入数值来调整颜色的均衡，从而实现对图像色彩的精细控制。
- 色调平衡：用于选择用户需要着重进行调整的色彩范围。
- 保持明度：选中该复选框，在调整图像色彩时可以使图像亮度保持不变。

提示

按 Ctrl+B 组合键，可以快速打开【色彩平衡】对话框。

4.2.4　可选颜色

使用【可选颜色】命令可以对图像中的特定颜色进行精细调整，通过修改指定颜色的色彩成分来优化图像效果，而不会对其他颜色产生明显影响。这一功能非常适合用于局部色彩校正或增强特定颜色的表现力。

【练习4-7】调整指定颜色

步骤 01 打开"夕阳.jpg"素材文件作为需要调整颜色的图像，如图4-24所示。

步骤 02 选择【图像】|【调整】|【可选颜色】命令，打开【可选颜色】对话框，在【颜色】下拉列表中选择【红色】作为需要调整的颜色，然后设置其参数，如图4-25所示。

步骤 03 继续在【颜色】下拉列表中选择【黄色】作为需要调整的另一种颜色，并调整其参数，如图4-26所示，然后单击【确定】按钮，得到的图像效果如图4-27所示。

图 4-24　打开素材图像

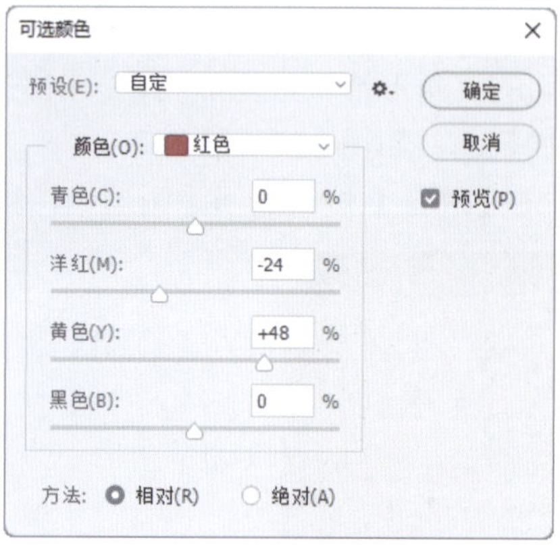

图 4-25　调整图像的红色

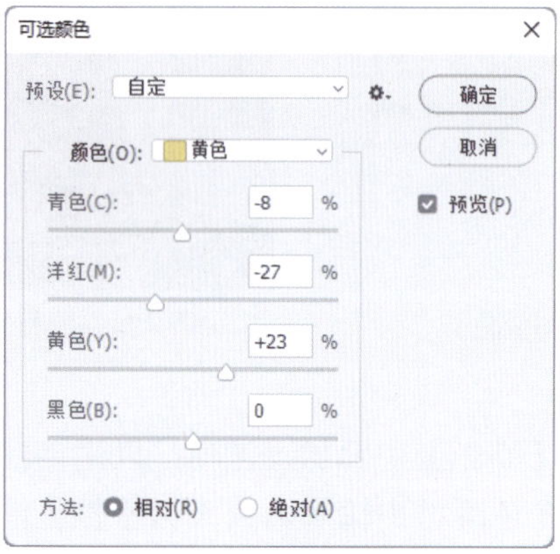

图 4-26　调整图像的黄色

图 4-27　更改图像颜色

4.2.5　匹配颜色

使用【匹配颜色】命令可以将另一幅图像的颜色与当前图像的颜色进行混合，从而改变当前图像的色彩效果。【匹配颜色】命令允许用户通过调整图像的亮度、颜色强度和渐隐等参数，优化图像中的颜色表现，实现更精准的色彩匹配和调整。

【练习4-8】匹配图像颜色

步骤 01　打开"汽车.jpg"和"彩色背景.jpg"素材文件作为需要混合图像颜色的图像，如图4-28和图4-29所示。

图 4-28　汽车图像

图 4-29　彩色背景图像

步骤 02 选择"汽车.jpg"文件作为当前文件。选择【图像】|【调整】|【匹配颜色】命令，打开【匹配颜色】对话框，【目标图像】选项组会自动选择【汽车.jpg】素材图像，然后在【源】下拉列表中选择【彩色背景.jpg】素材图像，再调整图像的明亮度、颜色强度和渐隐参数，如图4-30所示。

步骤 03 设置好参数后，单击【确定】按钮，完成对图像颜色的匹配，效果如图4-31所示。

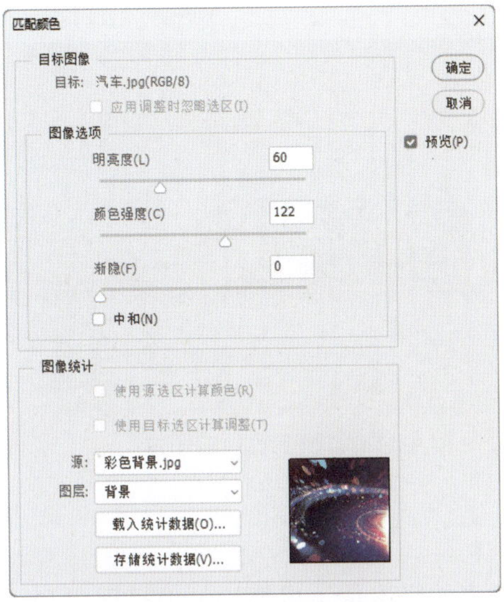

图 4-30　调整匹配颜色

图 4-31　图像效果

【匹配颜色】对话框中常用选项的作用如下。

- 目标图像：用于显示当前图像文件的名称。
- 图像选项：用于调整匹配颜色时的明亮度、颜色强度和渐隐效果。
- 图像统计：用于选择匹配颜色时图像的来源或所在的图层。

> **提示**
>
> 使用【匹配颜色】命令时，图像文件的色彩模式必须是 RGB 模式，否则将不能使用该命令。

4.2.6　替换颜色

使用【替换颜色】命令可以调整图像中特定颜色区域的色相、饱和度和明度值，从而将指定的颜色替换为新的颜色。

【练习4-9】替换图像颜色

步骤 01 打开"圣诞球.jpg"素材文件作为需要替换颜色的图像，如图4-32所示。

图 4-32　素材图像

步骤 02 选择【图像】|【调整】|【替换颜色】命令，打开【替换颜色】对话框，使用【吸管工具】 在图像中单击红色圆球图像，然后设置【颜色容差】为158，再设置替换颜色的色相、饱和度和明度，如图4-33所示。

步骤 03 设置好各参数后，单击【确定】按钮，得到替换颜色后的效果，如图4-34所示。

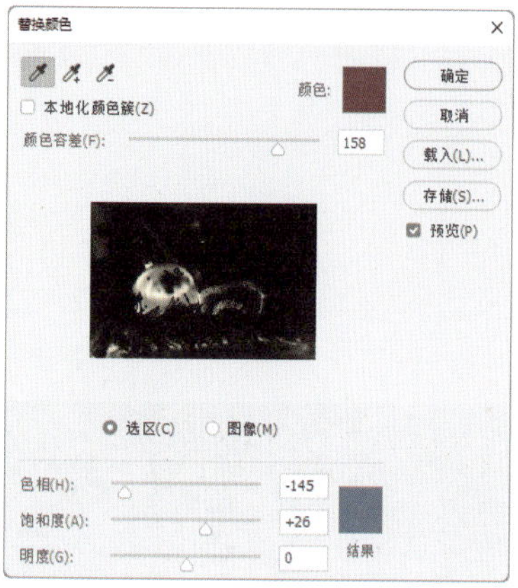

图 4-33　【替换颜色】对话框

图 4-34　替换颜色后的图像

4.2.7　色调均化

使用【色调均化】命令可以重新分布图像中各像素的亮度值，以便均匀地呈现所有范围的亮度级。选择【色调均化】命令后，图像中的最亮值呈现为白色，最暗值呈现为黑色，中间值则均匀地分布在整个图像的灰度色调中。例如，选择【图像】|【调整】|【色调均化】命令，可以将如图4-35所示的图像转换为如图4-36所示的效果。

图 4-35　原图像

图 4-36　色调均化后的效果

4.2.8　黑白

使用【黑白】命令可以轻松地将彩色图像转换为层次丰富的黑白图像，并允许精细调整图像的色调值和明暗对比。

打开需要转换为黑白颜色的图像，如图4-37所示，选择【图像】|【调整】|【黑白】命令，打开【黑白】对话框，如图4-38所示，单击【确定】按钮，图像将自动转换为黑白色调，如图4-39所示，拖动各项颜色参数下方的滑块可以设置更有对比度的黑白效果，选择【色调】选项，可以设置单色图像。

图 4-37　素材图像 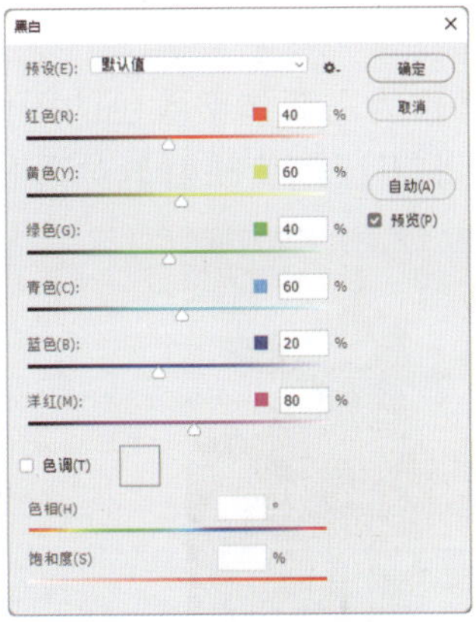　　　　图 4-38　设置参数 　　　　图 4-39　调整后的图像

💡 **提示**

选择【图像】|【调整】|【去色】命令，也可以得到黑白图像，该命令可以将原有图像的色彩信息去掉，使所有颜色的饱和度都变为 0，从而将图像变为彩色模式下的灰色图像。

4.2.9　阈值

使用【阈值】命令可以将一个彩色或灰度图像变成只有黑白两种色调的黑白图像，该命令适合制作版画效果。

打开一幅需要调整颜色的图像，如图4-40所示，选择【图像】|【调整】|【阈值】命令，在打开的【阈值】对话框中拖动下面的三角形滑块设置阈值参数，如图4-41所示，设置完成后单击【确定】按钮，即可调整图像的效果，如图4-42所示。

图 4-40　素材图像 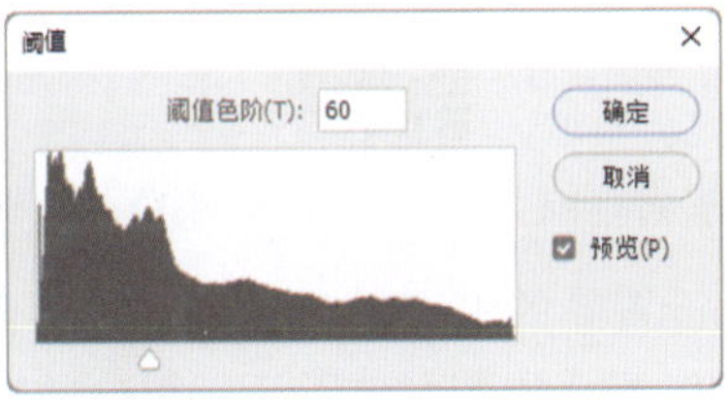　　　　图 4-41　【阈值】对话框 　　　　图 4-42　调整后的图像

4.3　调整图像特殊颜色

图像颜色的调整具有多样性，除可以调整一些简单的颜色外，还可以调整图像的特殊颜色。使用【渐变映射】【照片滤镜】和【通道混合器】等命令可以使图像产生特殊的色彩效果。

4.3.1　渐变映射

使用【渐变映射】命令可以改变图像的色彩，该命令主要使用渐变颜色对图像的颜色进行调整。

【练习4-10】应用渐变映射

步骤 01 打开"园林.jpg"素材文件作为需要调整颜色的图像，如图4-43所示，然后选择【图像】|【调整】|【渐变映射】命令，打开【渐变映射】对话框，如图4-44所示。

图 4-43　打开素材图像

图 4-44　打开【渐变映射】对话框

步骤 02 单击对话框中的渐变颜色框，弹出【渐变编辑器】对话框，展开预设里的【基础】颜色组，选择【黑,白渐变】颜色，如图4-45所示，单击【确定】按钮，返回【渐变映射】对话框，再次单击【确定】按钮，即可得到黑白渐变映射效果，如图4-46所示。

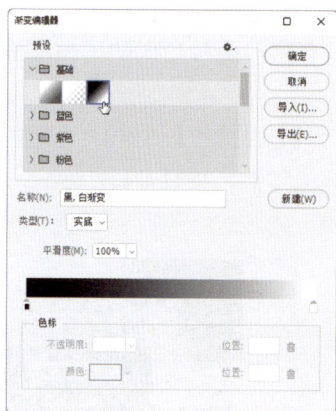

图 4-45　打开【渐变编辑器】对话框

图 4-46　渐变映射效果

步骤 03 在渐变编辑条中也可以设置新的渐变颜色。例如，将渐变颜色设置成从淡红色到白色渐变，并适当调整淡红色色标的位置，如图4-47所示，得到的图像效果如图4-48所示。

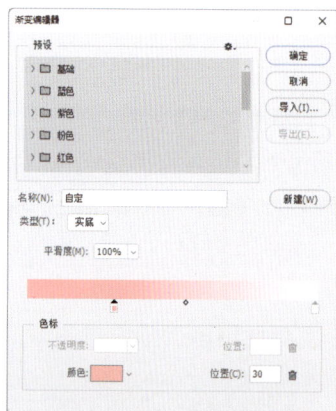

图 4-47　设置渐变颜色

图 4-48　图像效果

4.3.2　照片滤镜

使用【照片滤镜】命令可以模拟在相机镜头前添加彩色滤镜的效果，从而调整图像的颜色。此外，还可以通过选择预设的色彩选项，进一步调整图像的色相。

打开需要调整颜色的图像，如图4-49所示。选择【图像】|【调整】|【照片滤镜】命令，打开【照片滤镜】对话框，如图4-50所示，在【滤镜】下拉列表中选择一种滤镜，然后调整【密度】参数，单击【确定】按钮，即可得到调整后的图像，如图4-51所示。

图 4-49　素材图像　　　　图 4-50　【照片滤镜】对话框　　　　图 4-51　照片滤镜效果

【照片滤镜】对话框中常用选项的作用如下。

- 滤镜：选中该单选按钮后，在其右侧的下拉列表中可以选择滤色方式。
- 颜色：选中该单选按钮后，单击右侧的颜色框，可以设置过滤颜色。
- 密度：设置该选项右侧的文本框值，或拖动下方滑块，可以控制着色的强度，数值越大，滤色效果越明显。

4.3.3　通道混合器

使用【通道混合器】命令，可以通过混合颜色通道来调整颜色，生成图像合成的效果。使用【通道混合器】命令调整颜色时，首先在打开的【通道混合器】对话框中设置【输出通道】，然后根据需要调整各项参数。

打开需要调整颜色的图像，如图4-52所示。选择【图像】|【调整】|【通道混合器】命令，打开【通道混合器】对话框，选择需要调整的通道进行调整，如图4-53所示。单击【确定】按钮，即可得到调整后的效果，如图4-54所示。

图 4-52　素材图像　　　　图 4-53　调整红色通道　　　　图 4-54　调整后的图像效果

【通道混合器】对话框中常用选项的含义如下。

- 输出通道：用于选择进行调整的通道。

- 源通道：通过拖动滑块或输入数值来调整源通道在输出通道中所占的百分比值。
- 常数：通过拖动滑块或输入数值来调整通道的不透明度。
- 单色：将图像转换成只含灰度值的灰度图像。

4.3.4 色调分离

使用【色调分离】命令，可以指定图像中每个通道的色调级(或亮度值)的数量，并将像素映射为最接近的匹配级别。

打开一幅素材图像，如图4-55所示，然后选择【图像】|【调整】|【色调分离】命令，打开【色调分离】对话框，其中【色阶】选项用于设置图像色调变化的程度，数值越小，图像色调变化越大，效果越明显，如图4-56所示。

图 4-55　原图像

图 4-56　色调分离效果

4.3.5 反相

使用【反相】命令可以将图像的色彩反相，常用于制作胶片效果。选择【图像】|【调整】|【反相】命令后，图像的色彩会被反相，从而转化为负片效果，或者将负片还原为正常图像。例如，对图4-57所示的图像使用【反相】命令后，得到的效果如图4-58所示。当再次使用该命令时，图像将会被还原为原始状态。

图 4-57　原图像

图 4-58　反相后的效果

4.4　课堂案例

本节将通过制作灿烂烟花效果和面包广告的案例，综合运用所学的图像色彩编辑操作，包括调整图像的明暗度、色调以及特殊颜色的处理等，帮助用户巩固图像色彩调整的技能。

4.4.1　制作灿烂烟花效果

　　本案例将通过制作灿烂烟花效果，重点练习【色相/饱和度】【可选颜色】【自然饱和度】和【曲线】等色彩调整命令的应用。本例的最终效果如图4-59所示。

　　本例的具体操作步骤如下。

步骤 01 打开"烟花.jpg"素材图像，如图4-60所示，下面将通过色彩调整得到灿烂的烟花效果。

图 4-59　案例效果

图 4-60　打开素材图像

步骤 02 选择【图像】|【调整】|【色相/饱和度】命令，打开【色相/饱和度】对话框，设置【色相】【饱和度】与【明度】的参数分别为17、15、0，如图4-61所示。单击【确定】按钮，将整体色相调整为偏紫色调，同时增加颜色饱和度，效果如图4-62所示。

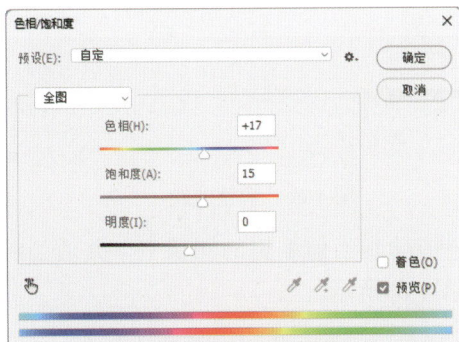

图 4-61　调整色相 / 饱和度

图 4-62　色相 / 饱和度调整效果

步骤 03 选择【图像】|【调整】|【可选颜色】命令，打开【可选颜色】对话框，在【颜色】下拉列表中选择【蓝色】，适当减少青色、增加红色和黄色，如图4-63所示。单击【确定】按钮，调整后的图像效果如图4-64所示。

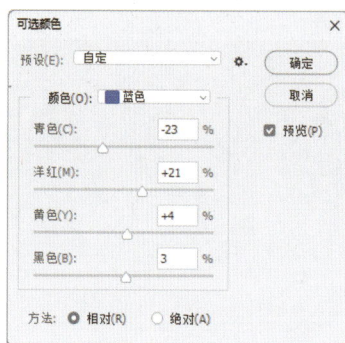

图 4-63 调整可选颜色

图 4-64 可选颜色调整效果

步骤 04 选择【图像】|【调整】|【自然饱和度】命令，打开【自然饱和度】对话框，设置参数如图4-65所示，然后单击【确定】按钮。

步骤 05 选择【图像】|【调整】|【曲线】命令，打开【曲线】对话框，在曲线中分别单击添加节点，然后调整曲线，增加亮度并适当降低暗部，如图4-66所示。单击【确定】按钮，得到的曲线图像效果如图4-67所示。

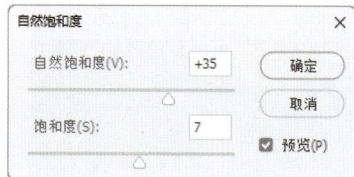

图 4-65 调整自然饱和度

图 4-66 调整曲线

步骤 06 打开"新年快乐.psd"素材图像，将文字拖动到当前编辑的图像中，并适当调整文字的大小和位置，至此完成本案例的制作，效果如图4-68所示。

图 4-67　曲线调整效果

图 4-68　添加文字后的效果

4.4.2　制作面包广告

本案例将通过制作面包广告效果，重点练习【色相/饱和度】【照片滤镜】和【亮度/对比度】等色彩调整命令的应用。本例的最终效果如图4-69所示。

图 4-69　案例效果

本例的具体操作步骤如下。

步骤 01　打开"面包.jpg"素材图像，如图4-70所示。

步骤 02　选择【图像】|【调整】|【色相/饱和度】命令，打开【色相/饱和度】对话框，调整【色相】为10、【饱和度】为33，如图4-71所示，然后单击【确定】按钮。

步骤 03　选择【图像】|【调整】|【照片滤镜】命令，打开【照片滤镜】对话框，设置颜色为橘黄色(R239,G175,B51)，【密度】为34%，如图4-72所示，然后单击【确定】按钮。

图 4-70　打开素材图像

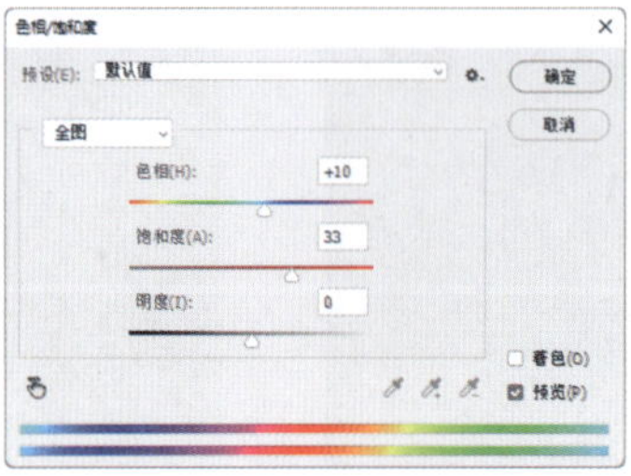

图 4-71　调整色相 / 饱和度

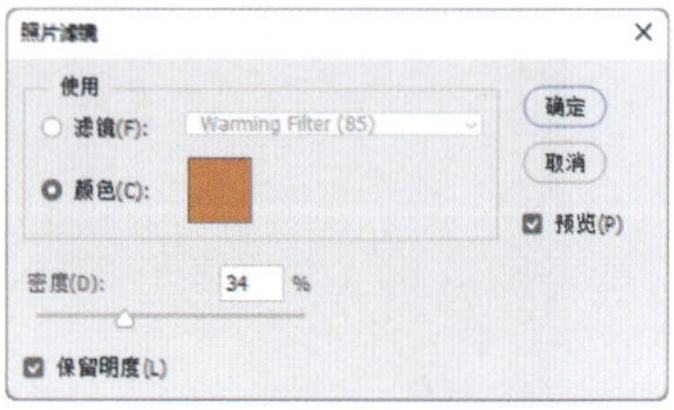

图 4-72　【照片滤镜】对话框

步骤 04 选择【图像】|【调整】|【亮度/对比度】命令，打开【亮度/对比度】对话框，调整其参数如图4-73所示，然后单击【确定】按钮，完成图像颜色的调整，效果如图4-74所示。

步骤 05 打开"文字.psd"图像文件，使用【移动工具】 将文字拖动到当前编辑的图像中，然后适当调整文字的大小和位置，完成本案例的制作，效果如图4-75所示。

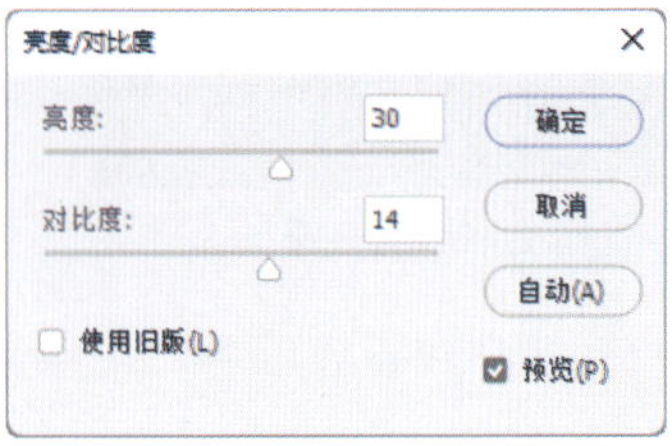

图 4-73　增加图像亮度和对比度

图 4-74　图像调整效果

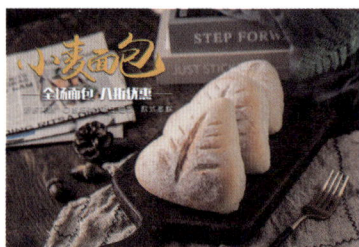

图 4-75　添加文字图像

第5章 图层的创建与应用

在Photoshop中，图层是图像编辑的核心与灵魂。无论是简单的修图还是复杂的设计，图层的灵活运用都能让创作变得更加高效与精准。本章将详细讲解图层的创建与应用，主要包括图层的创建、复制、删除与选择等基本操作，以及图层的对齐与分布、图层组的管理、图层样式与混合模式等高级功能。通过本章的学习，用户能够掌握图层的核心操作与高级技巧，提升图像编辑效率。

5.1 创建图层

图层是构成图像的基本单位，用于承载不同的图像元素。在Photoshop中，一个图像通常由多个图层组成，图层使得图像的编辑和处理更加灵活和高效。

5.1.1 认识【图层】面板

【图层】面板是Photoshop中非常重要的功能面板，用于管理和编辑图像中的各个图层。通过【图层】面板，用户可以直观地查看、组织和调整图像的所有组成部分，从而实现更高效的图像编辑。选择【窗口】|【图层】命令，可以打开【图层】面板，如图5-1所示。

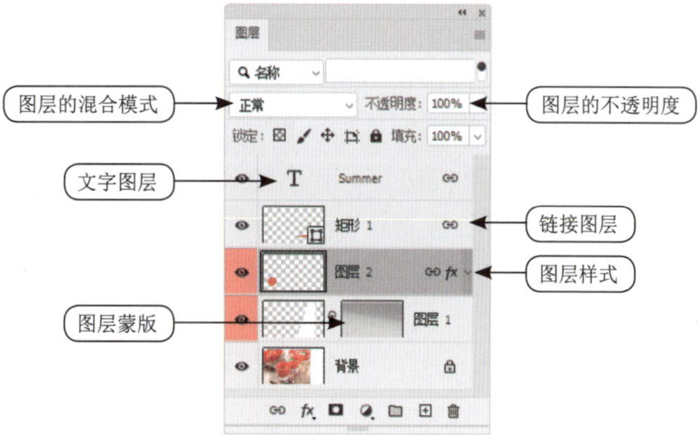

图 5-1　【图层】面板

【图层】面板中常用选项的含义如下。

- Q类型 按钮：单击该按钮，在其下拉列表中可以选择图层类型，包括【名称】【效果】【模式】【属性】【颜色】【智能对象】【选定】【画板】【编组】等，当【图层】面板中的图层较多时，用户可以根据需要选择所对应的图层类型，如选择【颜色】选项，并设置所选图层的颜色，即可在【图层】面板中只显示标有该颜色的图层，如图5-2所示。

- ⬤ ▦◉ T ▢ 🔒 按钮：该组按钮分别代表【像素图层过滤器】【调整图层过滤器】【文字图层过滤器】【形状图层过滤器】和【智能对象过滤器】工具，用户可以根据需要单击对应的按钮，即可显示单一类型的图层，如单击【文字图层过滤器】按钮 T ，即可在【图层】面板中只显示文字图层，如图5-3所示。

图 5-2　显示颜色图层　　　　　　图 5-3　显示文字图层

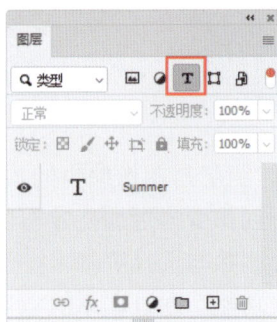

- ⬤ 【锁定】：用于设置图层的锁定方式，其中包括【锁定透明像素】按钮▦、【锁定图像像素】按钮✎、【锁定位置】按钮✛和【锁定全部】按钮🔒。
- ⬤ 【填充】：用于设置图层填充的不透明度。
- ⬤ 【链接图层】按钮 ⊖ ：选择两个或两个以上的图层，再单击该按钮，可以链接图层，链接的图层可同时进行各种变换操作。
- ⬤ 【添加图层样式】按钮 fx ：单击该按钮，可以在弹出的菜单中选择各种图层样式。
- ⬤ 【添加图层蒙版】按钮 ▢ ：单击该按钮，可以为图层添加蒙版。
- ⬤ 【创建新的填充或调整图层】按钮 ◑ ：单击该按钮，可以在弹出的菜单中选择创建填充图层或调整图层。调整图层会影响其下方的所有图层，用于调整图像的色调、亮度等。
- ⬤ 【创建新组】按钮 ▢ ：单击该按钮，可以创建新的图层组。可以将多个图层放置在一起，方便用户进行查找和编辑操作。
- ⬤ 【创建新图层】按钮 ▢ ：单击该按钮可以创建一个新的空白图层。
- ⬤ 【删除图层】按钮 🗑 ：用于删除当前选取的图层。

单击【图层】面板右侧的面板菜单按钮，在弹出的菜单中选择【面板选项】命令，可以打开【图层面板选项】对话框对外观进行设置，如图5-4所示。如设置【缩览图大小】为中时，得到的图层缩览图效果如图5-5所示。

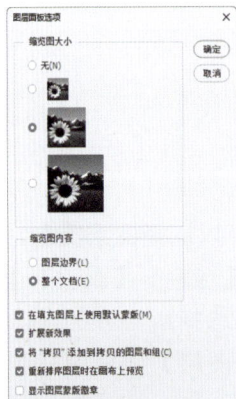

图 5-4　【图层面板选项】对话框　　　图 5-5　调整后的【图层】面板

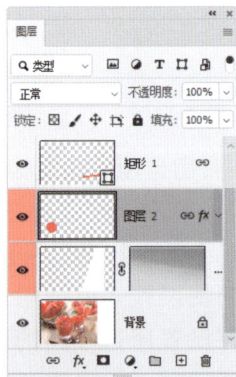

5.1.2　新建图层

新建图层是指在【图层】面板中创建一个新的空白图层，新图层会位于当前选中图层的上方。在创建图层之前，需要先新建或打开一个图像文档。用户可以通过以下两种方式创建新图层。

1. 通过【图层】面板创建图层

单击【图层】面板底部的【创建新图层】按钮 ⊞ ，如图5-6所示，可以快速创建具有默认名称的新图层，图层名依次为图层1、图层2、图层3、…，由于新建的图层没有像素，因此呈透明显示，如图5-7所示。

图 5-6　单击【创建新图层】按钮　　　　图 5-7　新建图层 1

2. 通过菜单命令创建图层

通过菜单命令创建图层，不但可以定义图层在【图层】面板中的显示颜色，还可以定义图层的混合模式、不透明度和名称。

选择【图层】|【新建】|【图层】命令，或者按Ctrl+Shift+N组合键，打开【新建图层】对话框，然后在其中设置图层名称和其他选项，如图5-8所示，单击【确定】按钮，即可创建一个指定的新图层，如图5-9所示。

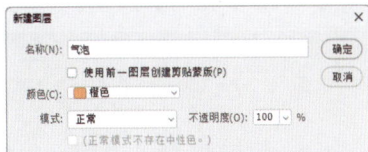

图 5-8　设置新建图层参数　　　　图 5-9　创建新图层

【新建图层】对话框中常用选项的作用如下。

- 名称：用于设置新建图层的名称，以方便用户查找图层。
- 使用前一图层创建剪贴蒙版：选中该复选框，可以将新建的图层与前一图层进行编组，形成剪贴蒙版。
- 颜色：用于设置新建图层在【图层】面板中的显示颜色。
- 模式：用于设置新建图层的混合模式。
- 不透明度：用于设置新建图层的透明程度。

> **提示**
> 　　用户还可以在图像中先创建一个选区，然后通过如下两种方式创建新图层：选择【图层】|【新建】|【通过拷贝的图层】命令（组合键：Ctrl+J），将选区内容复制到新图层；选择【图层】|【新建】|【通过剪切的图层】命令（组合键：Shift+Ctrl+J），将选区内容剪切到新图层。

5.1.3　创建填充和调整图层

　　在Photoshop中，可以为图像创建新的填充或调整图层。填充图层在创建后就已经填充好颜色或图案；而调整图层的作用则与【调整】命令相似，主要用于调整所有图层的色彩和色调。

　　🎨【练习5-1】创建填充和调整图层

步骤 01 打开"图层练习.psd"图像文件，单击【图层】面板下方的【创建新的填充或调整图层】按钮 ◉ ，在弹出的菜单中选择一个调整图层的命令，如【色彩平衡】命令，如图5-10所示。

步骤 02 选择调整图层命令后，即可自动切换到【属性】面板中，在其中可以对参数进行调整，如图5-11所示；而在【图层】面板中将创建出相应的调整图层，如图5-12所示。

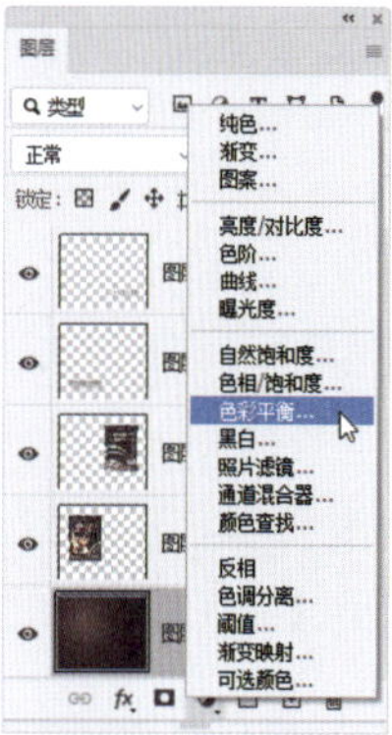

　图 5-10　选择命令　　　　　图 5-11　调整色彩 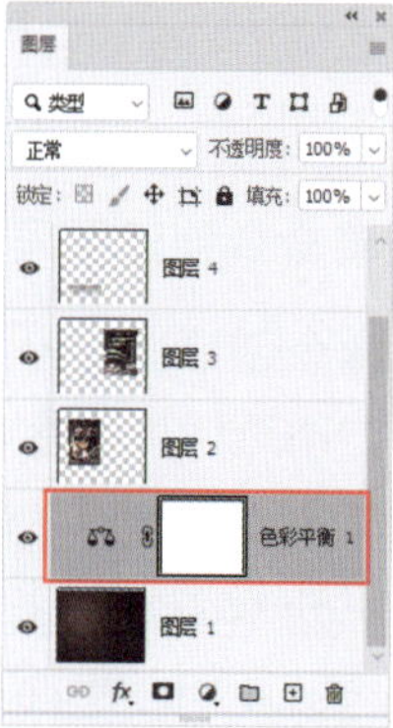　　　图 5-12　新建的调整图层

步骤 03 选择【图层】|【新建填充图层】|【渐变】命令，打开【新建图层】对话框，如图5-13所示。

步骤 04 在【新建图层】对话框中单击【确定】按钮，打开【渐变填充】对话框，然后设置渐变填充的颜色、样式、角度等，如图5-14所示。然后单击【确定】按钮，即可在当前图层的上方创建一个【渐变填充】图层，如图5-15所示。

　图 5-13　【新建图层】对话框 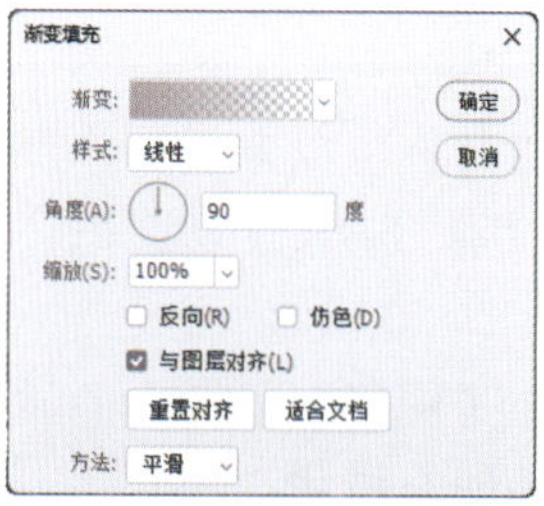　　　图 5-14　【渐变填充】对话框 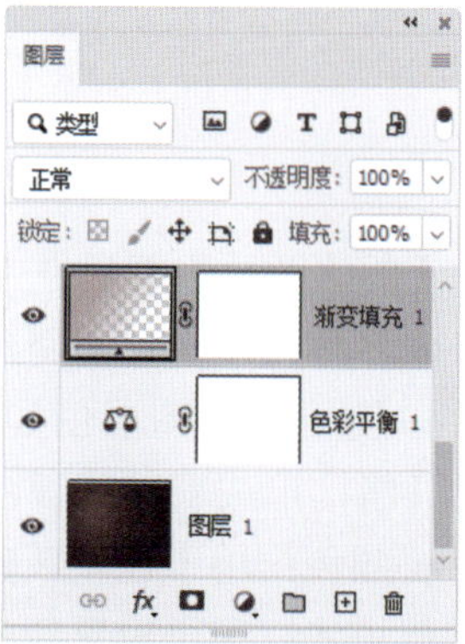　　　图 5-15　创建【渐变填充】图层

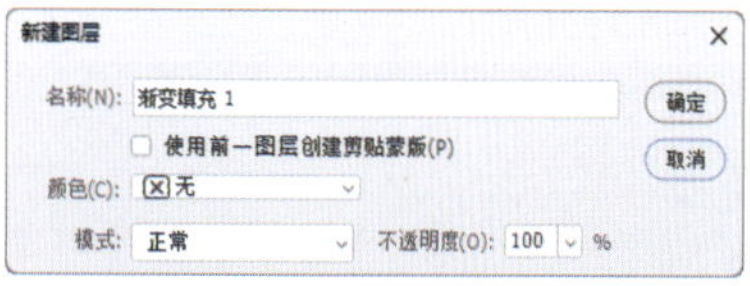

5.1.4　创建图层组

图层组用于组织和管理多个图层，可以将其理解为一个包含图层的容器。无论图层是否位于图层组中，其编辑操作都不会受到影响。

创建图层组主要有如下几种方法。

- 选择【图层】|【新建】|【组】命令。
- 单击【图层】面板右上角的菜单按钮 ≡，在弹出的快捷菜单中选择【新建组】命令。
- 按住Alt键的同时单击【图层】面板底部的【创建新组】按钮 ▭。

执行上述操作时，将打开【新建组】对话框，如图5-16所示，在其中进行参数设置并确定，即可建立图层组，如图5-17所示。

图 5-16　【新建组】对话框

图 5-17　新建的图层组

> **提示**
>
> 单击【图层】面板中的【创建组】按钮 ▭，可直接创建图层组，不会弹出【新建组】对话框。创建的图层组将使用系统默认设置，名称依次为【组 1】【组 2】等。

5.2　编辑图层

在【图层】面板中，用户可以便捷地进行图层的创建、复制、删除、排序、链接和合并等操作，从而制作出复杂的图像效果。

5.2.1　选择图层

在Photoshop中，只有正确选择了图层，才能对图像进行准确的编辑和修饰。用户可以通过如下3种方法选择图层。

1. 选择单个图层

要选择某个图层，只需在【图层】面板中单击目标图层即可。默认状态下，被选中的图层背景会以深灰色显示。图5-18所示为选择【图层1】的效果。

2. 选择多个连续的图层

选择第一个图层后，按住Shift键并单击另一个图层，即可选中这两个图层及其之间的所有图层。

🐾【练习5-2】选择多个连续的图层

步骤 01 打开"图层练习.psd"素材文件，在【图层】面板中单击【图层2】，可以将该图层选中，如图5-19所示。

步骤 02 按住Shift键的同时单击【图层4】，即可选中【图层2】【图层4】以及它们之间的所有图层，如图5-20所示。

图 5-18　选择【图层1】的效果　　　图 5-19　选择【图层2】　　　图 5-20　选择多个连续的图层

3. 选择多个不连续的图层

如果要选择不连续的多个图层，可以在选择第一个图层后，按住Ctrl键的同时单击其他需要选择的图层。

🐾【练习5-3】选择多个不连续的图层

步骤 01 打开"图层练习.psd"素材文件，在【图层】面板中单击【图层5】将其选中，如图5-21所示。

步骤 02 按住Ctrl键并单击【图层3】和【图层1】，即可同时选中这几个图层，如图5-22所示。

图 5-21　选择【图层5】　　　图 5-22　选择多个不连续的图层

5.2.2　转换背景图层

背景图层是Photoshop中的一个特殊图层类型，通常作为图像的基底存在。默认状态下，背景图层有以下一些特点。

- 锁定状态：背景图层默认是锁定的，这意味着用户不能移动它的内容或调整它的透明度。
- 位置：在【图层】面板中，背景图层位于最底部，并且不能移动到其他图层之上。
- 填充和透明度：背景图层默认是完全不透明的，无法直接调整其透明度。

要对背景图层进行编辑，首先需要将其转换为普通图层。具体方法如下：在【图层】面板中双击背景图层(如图5-23所示)，打开【新建图层】对话框，如图5-24所示，设置相关选项后，单击【确定】按钮，即可将背景图层转换为普通图层，如图5-25所示。

图 5-23　双击背景图层　　　　图 5-24　【新建图层】对话框　　　　图 5-25　转换为普通图层

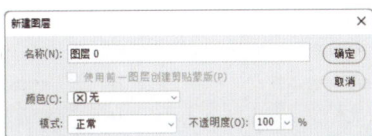

> **提示**
>
> 如果删除了背景图层，可以通过选择【图层】|【新建】|【背景图层】命令来创建一个新的背景图层。

5.2.3　复制图层

复制图层是为已存在的图层创建副本，从而生成一个相同的图像。用户可以对图层副本进行相关操作。复制图层主要有以下两种方法。

- 在【图层】面板中，单击并拖动图层到下方的【创建新图层】按钮 ⊡ 上，如图5-26所示，即可直接复制该图层，如图5-27所示。
- 选择【图层】|【复制图层】命令，打开【复制图层】对话框，如图5-28所示，在【为】文本框中输入图层名称，然后进行相关选项设置并确定，即可得到复制的图层。

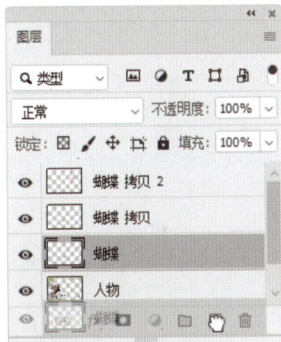

图 5-26　拖动图层　　　　图 5-27　直接复制图层　　　　图 5-28　【复制图层】对话框

> **提示**
>
> 选择需要复制的图层，然后按 Ctrl+J 组合键，也可以快速复制选择的图层。

5.2.4 链接图层

图层链接是指将多个图层链接为一组。用户可以对链接的图层进行移动、变换等操作，还可以将链接的多个图层同时移动或复制到另一个图像窗口中。

选择图层后，单击【图层】面板底部的【链接图层】按钮 ⊖⊖，即可将所选图层链接在一起。例如，选中如图5-29所示的3个图层，然后单击【图层】面板底部的【链接图层】按钮 ⊖⊖，即可将选中的3个图层链接在一起，在链接图层的右侧会出现链接图标 ⊖⊖，如图5-30所示。

图 5-29　选择多个图层　　　　图 5-30　链接的图层

5.2.5 合并图层

合并图层是指将多个图层合并为一个图层。这样做不仅可以减小文件大小，还能方便用户对合并后的图层进行编辑。合并图层的几种常用操作方法如下。

- 向下合并图层：向下合并图层就是将当前图层与下方的第一个图层进行合并。例如，选中如图5-31所示的【三角形】图层，然后选择【图层】|【合并图层】命令，或按Ctrl+E组合键，即可将【三角形】图层向下合并至【圆形】图层中，如图5-32所示。
- 合并可见图层：合并可见图层是将当前所有的可见图层合并为一个图层，选择【图层】|【合并可见图层】命令即可完成该操作。图5-33所示为隐藏【正方形】图层，进行合并可见图层前的效果，图5-34所示为合并可见图层后的效果。

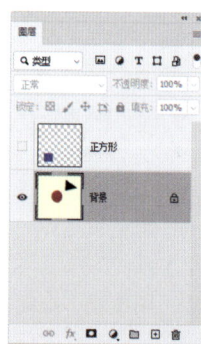

图 5-31　向下合并图层前　　图 5-32　向下合并图层后　　图 5-33　合并可见图层前　　图 5-34　合并可见图层后

● 拼合图像：拼合图像是将所有可见图层进行合并，而隐藏的图层将被丢弃，选择【图层】|【拼合图像】命令即可完成该操作。

5.2.6　对齐与分布图层

在Photoshop的图层调整过程中，可以通过对齐与分布功能快速调整图层内容，从而实现图像间的精确排列。

1. 对齐图层

对齐图层是指将选中的或链接的多个图层按一定规则进行对齐。选择【图层】|【对齐】命令，然后在其子菜单中选择所需的子命令，即可将选中的或链接的图层按相应方式对齐。

👉【练习5-4】对齐图层

步骤 01 打开"蝴蝶.psd"素材文件，如图5-35所示。然后按住Ctrl键，并在【图层】面板中依次选中【图层1】【图层2】和【图层3】，如图5-36所示。

步骤 02 选择【图层】|【对齐】命令，即可在子菜单中选择需要对齐的方式，如选择【垂直居中】命令，即可将所选图层中的图像进行垂直居中对齐，效果如图5-37所示。

图 5-35　打开素材图像　　　　图 5-36　选中图层　　　　图 5-37　垂直居中对齐效果

步骤 03 按Ctrl+Z组合键撤销对齐操作。然后重新选择【图层】|【对齐】|【底边】命令，即可得到底边对齐效果，如图5-38所示；若选择【图层】|【对齐】|【水平居中】命令，则可得到水平居中对齐效果，如图5-39所示。

图 5-38　底边对齐效果　　　　　　图 5-39　水平居中对齐效果

💡 **提示**

选中多个图层后，选择【移动工具】 ⊕，工具属性栏中将出现各种对齐按钮 ，单击其中的按钮可以得到相应的对齐效果。

2. 分布图层

图层分布是指将3个或以上的链接图层按一定规则在图像窗口中进行排列。选择【图层】|
【分布】命令，如图5-40所示，然后在其子菜单中选择所需的命令，即可按指定方式分布选中
的图层。

此外，选择【移动工具】⊕后，单击工具属性栏中的【对齐并分布】按钮，在弹出的面
板中选择相应的分布按钮 ≡ ≡ ≡ ▶▶ ▶▶，如图5-41所示，也可实现图层分布操作。在分布按钮
中，从左至右分别为按顶分布、垂直居中分布、按底分布、按左分布、水平居中分布和按右分布。
例如，对"蝴蝶.psd"素材图像的3个图层进行水平居中分布，得到的分布效果如图5-42所示。

图 5-40　选择【分布】命令　　　　图 5-41　各个分布按钮　　　　图 5-42　水平居中分布效果

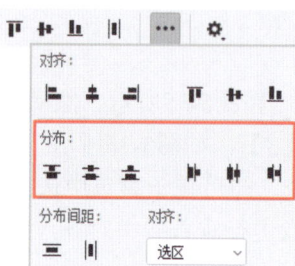

各种分布方式的作用如下。

- 顶边：从每个图层的顶端像素开始，间隔均匀地分布图层。
- 垂直居中：从每个图层的垂直中心像素开始，间隔均匀地分布图层。
- 底边：从每个图层的底端像素开始，间隔均匀地分布图层。
- 左边：从每个图层的左端像素开始，间隔均匀地分布图层。
- 水平居中：从每个图层的水平中心开始，间隔均匀地分布图层。
- 右边：从每个图层的右端像素开始，间隔均匀地分布图层。
- 水平：调整图像水平分布的间距。
- 垂直：调整图像垂直分布的间距。

5.2.7　调整图层顺序

当图像中包含多个图层时，默认情况下，Photoshop会按照一定的顺序排列图层。用户可
以通过调整图层的排列顺序来创造出不同的图像效果。

改变图层排列顺序的方法是直接在【图层】面板中拖动图层，如图5-43所示；也可以选择
要移动的图层，然后选择【图层】|【排列】命令，在打开的子菜单中选择所需的命令来移动
图层，如图5-44所示。

- 置为顶层：将当前选中的图层移到最顶部。
- 前移一层：将当前选中的图层向上移动一层。
- 后移一层：将当前选中的图层向下移动一层。
- 置为底层：将当前选中的图层移到最底部。

图 5-43　拖动图层

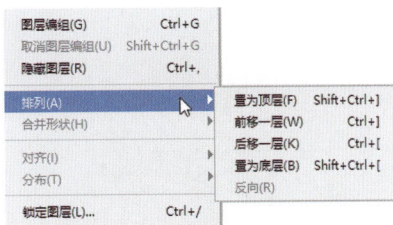

图 5-44　选择【排列】命令

5.2.8　通过剪贴的图层

剪贴蒙版可以使用某个图层的内容来遮盖其上方的图层。遮盖效果由底部图层(基底图层)的内容决定。基底图层的非透明区域将显示其上方图层的内容,而剪贴蒙版中的其他内容将被遮盖。

用户可以在剪贴蒙版中使用多个图层,但这些图层必须是连续的。蒙版中的基底图层名称带有下画线,上层图层的缩览图会缩进显示,且叠加图层将显示一个剪贴蒙版图标。

【练习5-5】创建剪贴蒙版图层

步骤 01 打开"竹子.psd"素材图像,如图5-45所示,在【图层】面板中可以看到有【背景图层】和【图层1】两个图层,如图5-46所示。

图 5-45　素材图像

图 5-46　【图层】面板

步骤 02 选择【背景】图层,然后选择工具箱中的【自定形状工具】,在工具属性栏中选择工具模式为【形状】,再选择【桑树】形状,如图5-47所示,在图像中绘制一个桑树图形,如图5-48所示,此时【图层】面板中将自动增加一个形状图层,如图5-49所示。

图 5-47　选择形状

图 5-48　绘制形状

图 5-49　创建形状图层

步骤 03 选择【图层1】，然后选择【图层】|【创建剪贴蒙版】命令，即可得到剪贴蒙版的效果，如图5-50所示，此时【图层1】变为剪贴图层，如图5-51所示。

图 5-50　剪贴蒙版效果

图 5-51　剪贴图层

> **提示**
>
> 按住 Alt 键并在【图层】面板中的两个图层之间单击，也可以创建剪贴蒙版图层。

5.2.9　隐藏与显示图层

当一幅图像的图层较多时，为了便于操作，可以隐藏不需要显示的图层。当图层前方显示眼睛图标 👁 时，表示该图层为可见状态，单击该图标，图标将变为 ☐ 状态，表示该图层已被隐藏，再次单击图标，可重新显示该图层。图5-52和图5-53分别展示了隐藏【图层2】前后的对比效果。

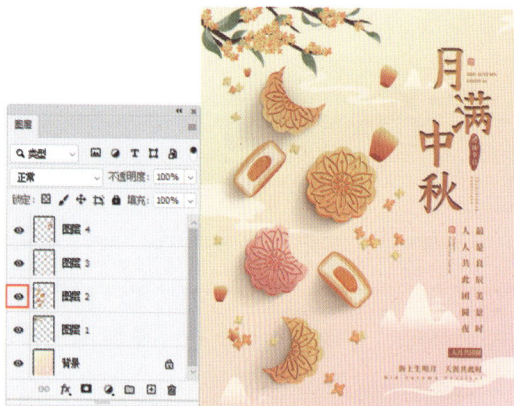

图 5-52　隐藏【图层 2】前的效果

图 5-53　隐藏【图层 2】后的效果

5.2.10　删除图层

对于不需要的图层，可以通过菜单命令或【图层】面板将其删除。删除图层后，该图层中的图像也会被一并删除。删除图层主要有以下两种方法。

- 在【图层】面板中选中要删除的图层，然后选择【图层】|【删除】|【图层】命令，即可删除该图层。

- 在【图层】面板中选中要删除的图层，然后单击【图层】面板底部的【删除图层】按钮 🗑，即可删除该图层。

5.3　设置图层效果

用户可以通过调整图像的不透明度、选择图层混合模式，以及添加图层样式等，从而获得特殊的图像效果。

5.3.1　设置图层不透明度

在【图层】面板中可以设置图层的不透明度。通过调整图层不透明度，可以使图层中的图像呈现透明或半透明效果。

在【图层】面板右上方的【不透明度】数值框中可以输入0～100%的数值。当图层的不透明度小于100%时，下方图层的图像会显示出来，数值越小，图像越透明；当数值为0时，该图层将完全隐藏，下方图层的图像会完全显示。

打开"设置图层不透明度.psd"素材图像，如图5-54所示，【图层】面板中包含了两个图层。将上方【兔子】图层的不透明度分别设置为70%和40%时，对比效果如图5-55所示。

图 5-54　原图像

图 5-55　不透明度分别为 70% 和 40% 的对比效果

5.3.2　设置图层混合模式

在Photoshop 2025中，提供了二十余种图层混合模式，主要用于设置当前图层与下方图层图像之间的色彩混合方式。不同的混合模式会产生不同的视觉效果。

Photoshop提供的图层混合模式都包含在【图层】面板中的 正常 下拉列表框中，单击其右侧的 ∨ 按钮，在弹出的混合模式列表框中可以选择需要的模式，如图5-56所示。

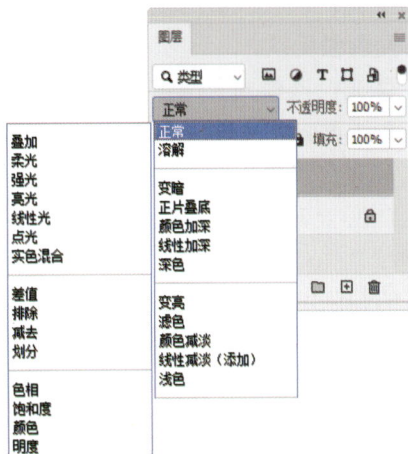

图 5-56　图层的混合模式

- 正常模式：该模式为系统默认的图层混合模式，即图像原始状态。
- 溶解：该模式会随机消失部分图像的像素，消失的部分可以显示下一层图像，从而形成两个图层交融的效果，可以配合不透明度来使溶解效果更加明显。
- 变暗：该模式会分析每个通道中的颜色信息，并将当前图层中较暗的颜色加深，同时使较亮的颜色变得透明。
- 正片叠底：该模式会生成比当前图层和底层颜色更暗的颜色。任何颜色与黑色混合会产生黑色，与白色混合则保持不变。当用户使用黑色或白色以外的颜色绘画时，绘制的连续描边会产生逐渐变暗的效果。
- 颜色加深：该模式将增强当前图层与下面图层之间的对比度，使图层的亮度降低、色彩加深，与白色混合时，颜色不会发生变化。
- 线性加深：该模式会分析每个通道中的颜色信息，并通过减小亮度使基色变暗以反映混合色。与白色混合时，颜色不会发生变化。
- 深色：该模式会比较当前图层和底层颜色，并将两个图层中相对较暗的像素作为结果色。
- 变亮：该模式与【变暗】模式相反，选择基色或混合色中较亮的颜色作为结果色。比混合色暗的像素被替换，比混合色亮的像素保持不变。
- 滤色：该模式与【正片叠底】模式相反，其结果色总是较亮的颜色，并具有漂白的效果。
- 颜色减淡：该模式将通过减小对比度来提高混合后图像的亮度，与黑色混合时，颜色不会发生变化。
- 线性减淡(添加)：该模式会分析每个通道中的颜色信息，并通过增加亮度使基色变亮以反映混合色。与黑色混合时，颜色不会发生变化。
- 浅色：该模式与【深色】模式相反，将当前图层和底层颜色进行比较，并将两个图层中相对较亮的像素作为结果色。
- 叠加：该模式用于混合或过滤颜色，最终效果取决于基色。图案或颜色在现有像素上叠加，同时保留基色的明暗对比。基色不会被替换，而是与混合色混合以反映原色的亮度或暗度。
- 柔光：该模式会产生一种柔和光线照射的效果，使高亮区域更亮，暗调区域更暗，从而增强反差。
- 强光：该模式会产生一种强烈光线照射的效果，根据当前图层的颜色使底层颜色变得更浓重或更浅淡，具体取决于当前图层颜色的亮度。
- 亮光：该模式通过增加或减少对比度来加深或减淡颜色，具体取决于混合色。如果混合色(光源)比50%灰色亮，则通过减少对比度使图像变亮。
- 线性光：该模式通过增加或减少底层的亮度来加深或减淡颜色，具体取决于当前图层的颜色。如果当前图层的颜色比50%灰色亮，则通过增加亮度使图像变亮；如果比50%灰色暗，则通过减少亮度使图像变暗。
- 点光：该模式根据当前图层与下层图层的混合色来替换部分较暗或较亮像素的颜色。
- 实色混合：该模式取消了中间色的效果，混合结果由底层颜色与当前图层的亮度决定。

- 差值：该模式根据图层颜色的亮度对比进行相加或相减。与白色混合会进行颜色反相，与黑色混合则不发生变化。
- 排除：该模式创建一种与【差值】模式相似，但对比度更低的效果。与白色混合会使底层颜色产生相反的效果，与黑色混合则不发生变化。
- 减去：该模式从基色中减去混合色。在8位和16位图像中，任何生成的负片值都会被剪切为零。
- 划分：该模式通过查看每个通道中的颜色信息，从基色中分割出混合色。
- 色相：该模式使用基色的亮度和饱和度以及混合色的色相来创建结果色。
- 饱和度：该模式使用底层颜色的亮度和色相以及当前图层颜色的饱和度来创建结果色。在饱和度为0时，使用此模式不会发生变化。
- 颜色：该模式使用当前图层的亮度与下一图层的色相和饱和度进行混合。
- 明度：该模式使用当前图层的色相和饱和度与下一图层的亮度进行混合，产生的效果与【颜色】模式相反。

5.3.3　设置图层样式

对某个图层应用图层样式后，样式中定义的各种效果会应用到图像中，能够为图像增强层次感、透明感和立体感。

Photoshop提供了多种图层样式，它们全部列在【图层样式】对话框的【样式】列表框中，如图5-57所示。每个样式名称前都有一个复选框，当复选框被选中时，表示该图层应用了该样式；取消选中则可停用样式。单击样式名称时，会打开对应的设置面板。

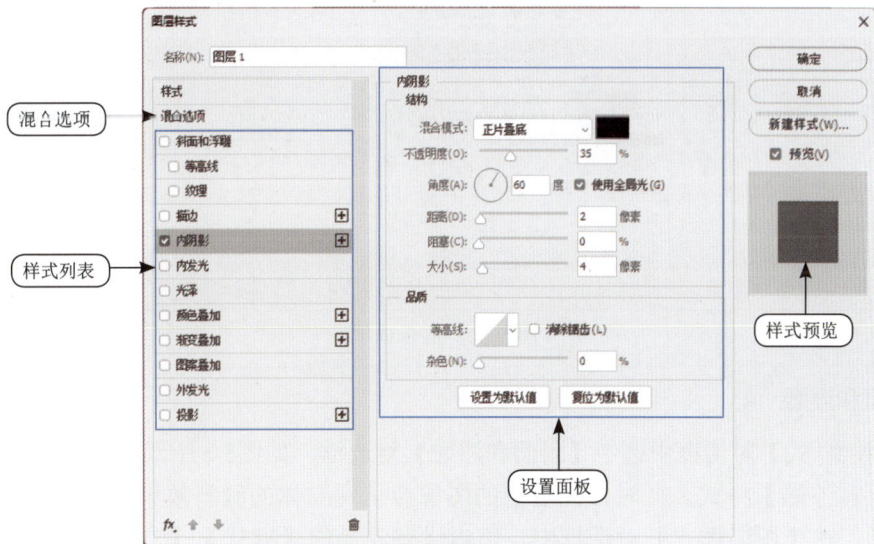

图 5-57 　【图层样式】对话框

选择【图层】|【图层样式】命令，如图5-58所示，或者单击【图层】面板底部的【添加图层样式】按钮 fx，如图5-59所示，在弹出的菜单中选择所需图层样式，即可打开【图层样式】对话框进行图层样式设置。

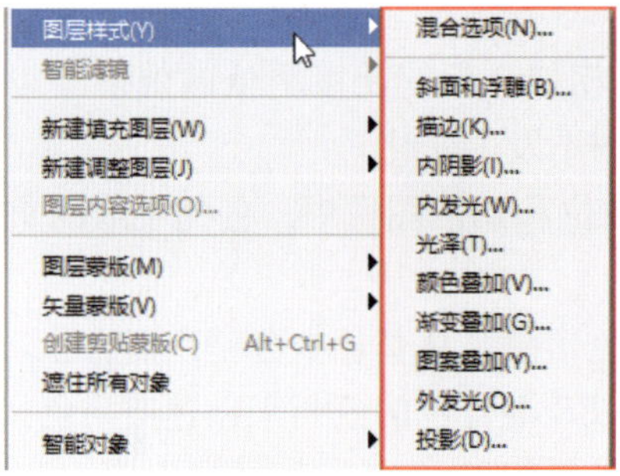

图 5-58　选择【图层样式】命令 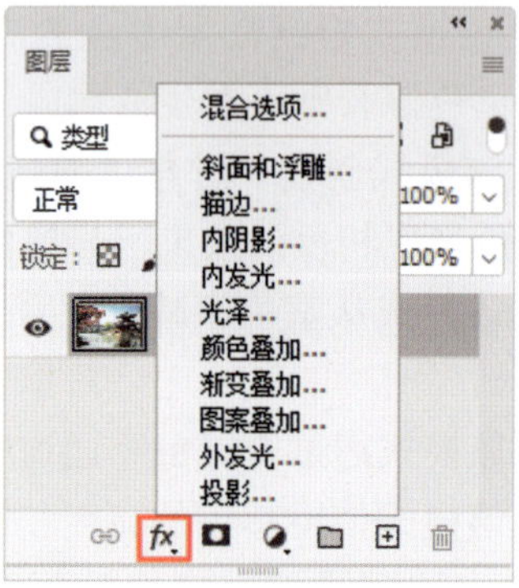　　　　图 5-59　单击【添加图层样式】按钮

1. 混合选项

图层混合选项是图层样式的默认选项，可以调节整个图层的不透明度与混合模式等参数，如图5-60所示，其中有些设置可以直接在【图层】面板中进行调节。

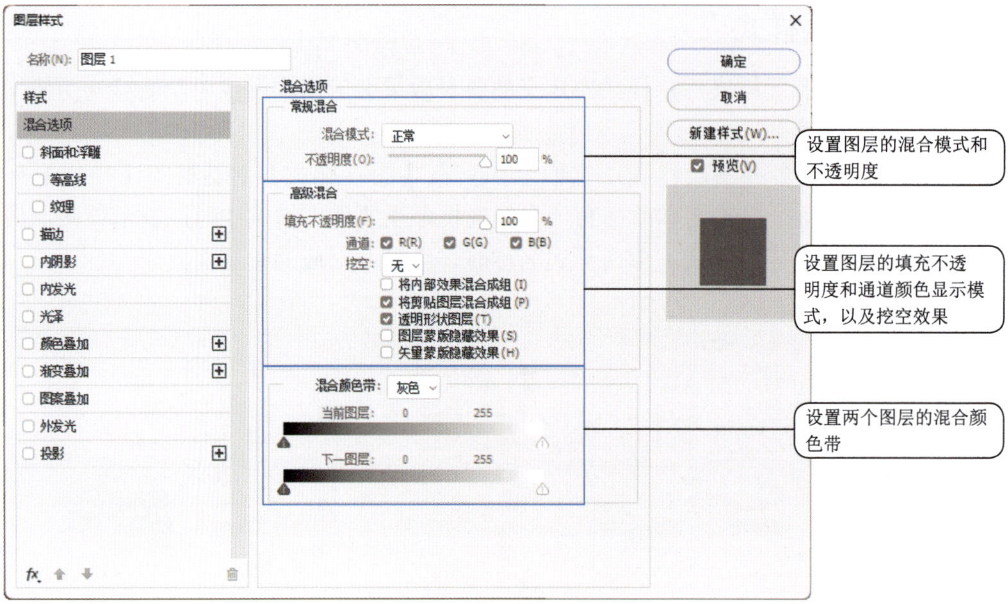

图 5-60　混合选项

2. 斜面和浮雕

在【图层样式】对话框中选中【斜面和浮雕】复选框，如图5-61所示，即可在当前图层上应用【斜面和浮雕】样式。此时，图层中的图像会呈现立体的倾斜效果，形成浮雕效果，如图5-62所示。在【图层样式】对话框中，可以设置浮雕的【样式】【方法】和【方向】等选项，从而生成不同的浮雕效果。

【纹理】和【等高线】是斜面和浮雕的副选项。其中，【纹理】通过设置图案来产生凹凸的画面效果；【等高线】则用于调整图像的凹凸和起伏程度。图5-63所示为设置的等高线参数及其效果；图5-64所示为设置的纹理参数及其效果。

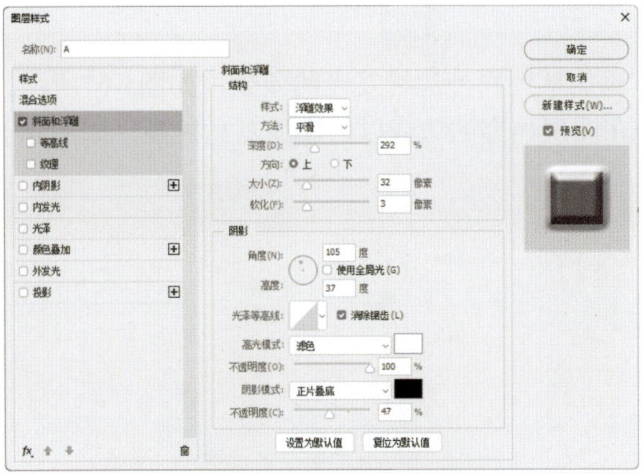

图 5-61　选中【斜面和浮雕】复选框

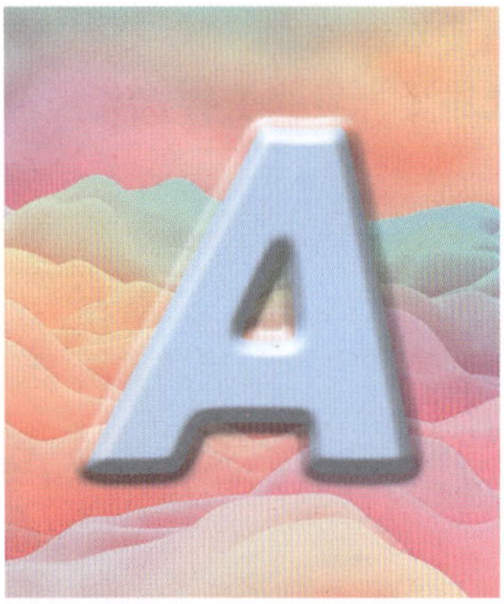

图 5-62　添加浮雕效果

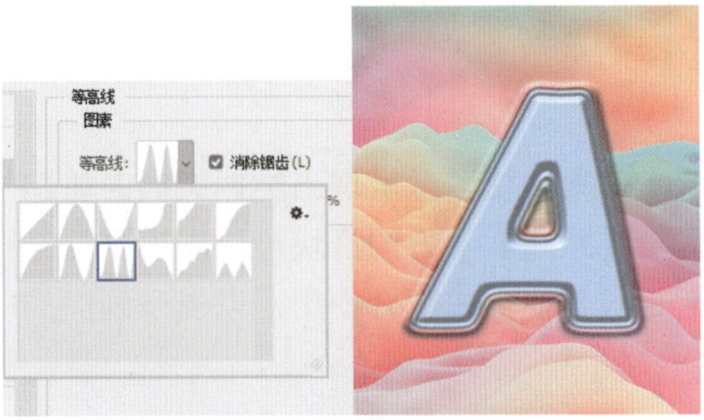

图 5-63　设置等高线效果

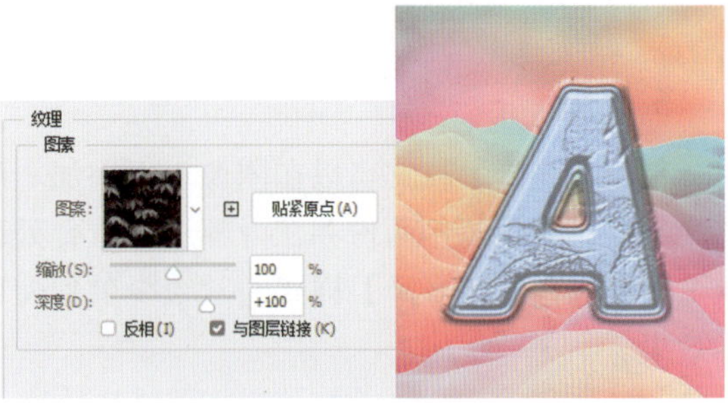

图 5-64　设置纹理效果

3. 投影和内阴影

投影是图层样式中最常用的一种图层样式效果。应用【投影】样式可以为图层添加类似影子的效果，常用于增强图像的立体感，如图5-65所示；应用【内阴影】样式可以为图层内容添加阴影效果，即沿图像边缘向内产生投影，使图像呈现出立体感和凹陷感，效果如图5-66所示。

- 混合模式：用于设置投影与下方图层的混合方式。
- 角度：用于设置投影效果在下方图层中显示的角度。
- 距离：用于设置投影偏离图层内容的距离，数值越大，偏离越远。
- 扩展：用于设置投影的扩展范围，该范围受【大小】选项的直接影响。
- 大小：用于设置投影的模糊范围，数值越高，模糊范围越广。

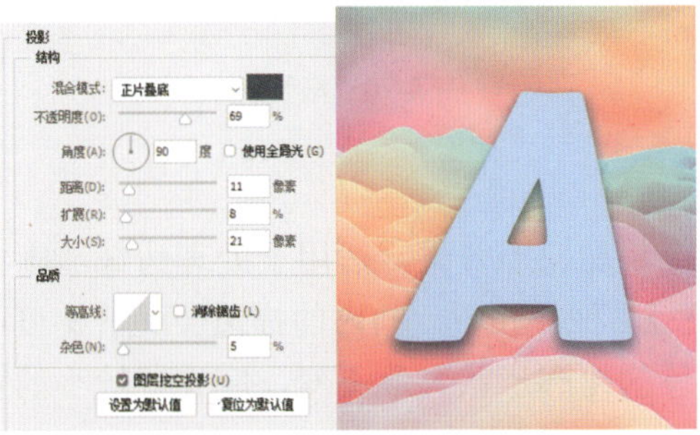

图 5-65　投影样式

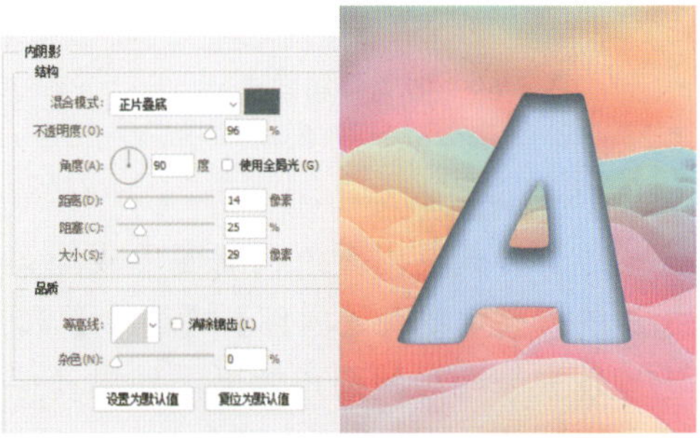

图 5-66　内阴影样式

4. 外发光和内发光

使用【外发光】样式，可以为图像添加从图层外边缘发光的效果，如图5-67所示。【内发光】样式与【外发光】样式相反，用于在图层内容的边缘以内添加发光效果，如图5-68所示。

图 5-67　外发光样式　　　　　　　　　　　图 5-68　内发光样式

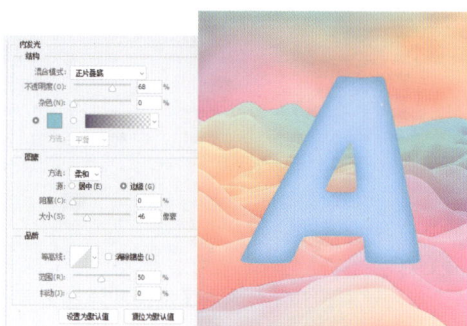

5. 光泽

使用【光泽】样式可以在图像表面添加一层反射光效果，使图像呈现出类似绸缎的质感。其原理是将图像复制两份并在内部进行重叠处理，拖动【距离】下方的滑块可以观察到两个图像重叠的过程。【光泽】样式通常很少单独使用，而是与其他样式配合使用，以提升画面的质感效果。

6. 颜色叠加、渐变叠加与图案叠加

【颜色叠加】【渐变叠加】和【图案叠加】样式都可以覆盖在图像表面。【颜色叠加】样式可以为图像叠加自定的颜色；【渐变叠加】样式可以为图像中的纯色添加渐变色，使图像颜色更加丰富；【图案叠加】样式可以为图像添加指定的图案。图5-69展示了【图案叠加】样式的参数设置及其效果，图5-70展示了【渐变叠加】样式的参数设置及其效果。

图 5-69　图案叠加样式　　　　　　　　　　图 5-70　渐变叠加样式

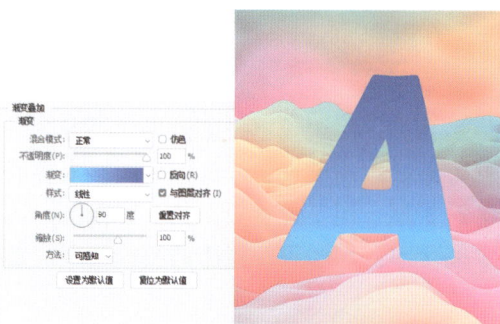

7. 描边

【描边】样式使用颜色、渐变色或图案为图像添加轮廓效果，适用于处理边缘清晰的形状。描边的方向主要有【内部】【居中】和【外部】3种。其中，向内的描边会随着宽度的增加而出现越来越明显的圆角效果；如果要保持物体的轮廓形状大致不变，应设置较小的宽度值。【描边】样式的参数及效果如图5-71所示。

图 5-71　描边样式

5.4　课堂案例

本节将通过制作耳机宣传海报和节日海报的案例，综合运用所学的图层知识，包括创建图层、编辑图层以及设置图层效果等，帮助用户巩固图层的创建与应用技能。

5.4.1　制作耳机宣传海报

本案例将制作耳机宣传海报。首先调整背景颜色，然后分别添加素材图像和文字，并在【图层】面板中对图层进行重命名、排序等操作。本例的最终效果如图5-72所示。

本案例的具体操作步骤如下。

步骤 01　新建一个宽度为60厘米、高度为75厘米、名称为【制作耳机宣传海报】的图像文件。

步骤 02　使用【渐变工具】对背景进行径向渐变填充，设置填充颜色从粉红色(R243,G174,B182)到洋红色(R230,G103,B128)，效果如图5-73所示。

步骤 03　打开"碟片.psd"素材文件，使用【移动工具】将碟片图像拖动到创建的图像文件中，如图5-74所示。在【图层】面板中将生成【图层1】，然后将该图层的不透明度设置为80%，如图5-75所示。

图 5-72　图像效果

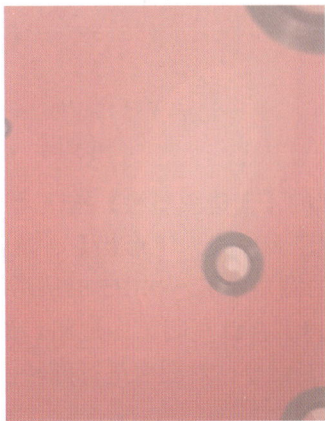

图 5-73　填充背景　　图 5-74　添加素材图像　　图 5-75　设置不透明度

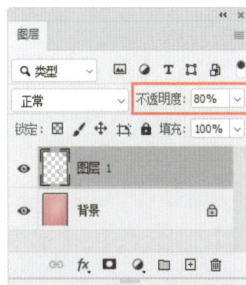

步骤 04 打开"耳机.psd"和"线条.psd"素材文件，使用【移动工具】 ⊕ 分别将其中的图像拖动到创建的图像文件中。然后在【图层】面板中双击相应图层的名称，对其进行重命名操作，如图5-76所示。

步骤 05 单击【图层】面板底部的【创建新图层】按钮 🔲，新建一个图层，并将该图层拖动到【耳机】图层下方，如图5-77所示。

步骤 06 设置前景色为黑色，选择【画笔工具】 ✐，在工具属性栏中设置不透明度为30%，在耳机图像下方绘制投影，效果如图5-78所示。

图 5-76　重命名图层　　　　图 5-77　新建一个图层　　　　图 5-78　绘制投影

步骤 07 单击【图层】面板底部的【创建图层组】按钮 📁，创建一个图层组，然后双击图层组名称，将其重命名为【倾听】，如图5-79所示。

步骤 08 打开"倾听.psd"素材文件，使用【移动工具】 ⊕ 将其中的图像拖动到当前编辑的图像中，并将对应的图层放入【倾听】图层组中，如图5-80所示。

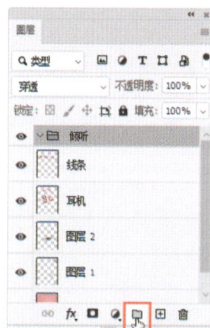

图 5-79　创建图层组　　　　　　　图 5-80　添加素材图像

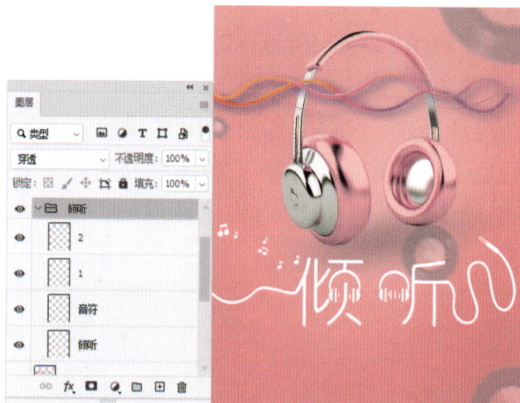

步骤 09 单击【图层】面板底部的【创建图层组】按钮 📁，再创建一个图层组，选择【矩形工具】 ▢，在工具属性栏中设置工具模式为【形状】、填充为白色、【半径】为30像素，然后在左方文字下方绘制几个不同的圆角矩形，如图5-81所示。

步骤 10 选择【组1】，按Ctrl+J组合键复制该图层组，然后将复制的图像向右移动，再选择【编辑】|【变换】|【水平翻转】命令，对图像进行翻转，效果如图5-82所示。

图 5-81　绘制圆角矩形

图 5-82　复制图层组

步骤 11 创建一个名为【文字】的图层组，使用【横排文字工具】**T.**在两组圆角矩形之间输入文字，在【文字】图层组中将生成一个文字图层，效果如图5-83所示。

步骤 12 继续在画面下方输入其他文字内容，排列成如图5-84所示的样式，至此完成本案例的制作。

图 5-83　输入文字

图 5-84　完成效果

5.4.2　制作节日海报

　　本案例将制作一张节日海报。首先以喜庆的大红色作为背景，然后添加素材图像并应用图层样式，再对图层混合模式进行调整，最后输入相应的文字内容。本例的最终效果如图5-85所示。

　　本案例的具体操作步骤如下。

步骤 01 新建一个宽度为42厘米、高度为60厘米、名称为【制作恭贺新年海报】的图像文件。

步骤 02 使用【渐变工具】 对背景进行线性渐变填充，设置填充颜色从深红色(R103,G0,B0)到红色(R210,G0,B15)，效果如图5-86所示。

步骤 03 打开"金沙.jpg"素材文件，使用【移动工具】 将其

图 5-85　案例效果

中的图像拖动到创建的图像文件中，然后按Ctrl+T组合键对图像进行适当旋转，效果如图5-87所示。

图 5-86　填充渐变色

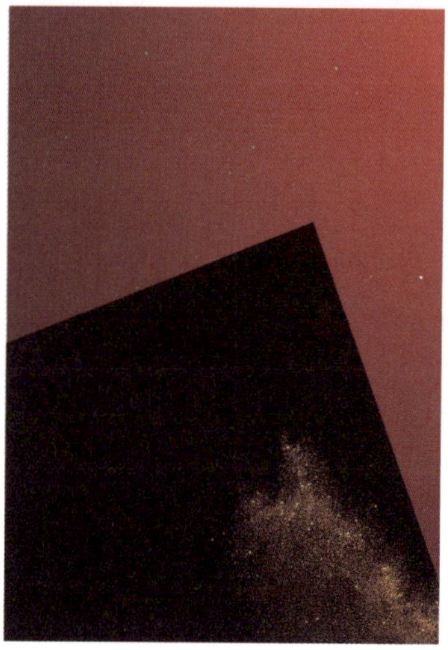

图 5-87　添加并旋转素材图像

步骤 04 在【图层】面板中设置"图层1"图层的混合模式为【滤色】、【填充】值为80%，如图5-88所示，得到如图5-89所示的图像效果。

步骤 05 打开"蝴蝶结.psd"素材文件，使用【移动工具】 ⊕ 将其中的图像拖动到创建的图像文件中，效果如图5-90所示。

图 5-88　设置图层属性

图 5-89　图像效果

图 5-90　添加素材图像

步骤 06 选择【图层】|【图层样式】|【投影】命令，打开【图层样式】对话框，设置图层投影为黑色，其他参数设置如图5-91所示，单击【确定】按钮，即可为蝴蝶结添加投影效果，如图5-92所示。

步骤 07 打开"恭贺新年.psd"素材文件，使用【移动工具】 ⊕ 将其中的图像拖动到当前编辑的图像中，效果如图5-93所示。

步骤 08 选择【图层】|【图层样式】|【投影】命令，打开【图层样式】对话框，将图层投影设置为黑色，其他参数设置如图5-94所示。单击【确定】按钮，即可为文字添加投影效果，如

图5-95所示。

步骤 09 打开"祥云.psd"素材文件，使用【移动工具】➕将其中的图像拖动到当前编辑的图像中，并放在文字的两侧，效果如图5-96所示。

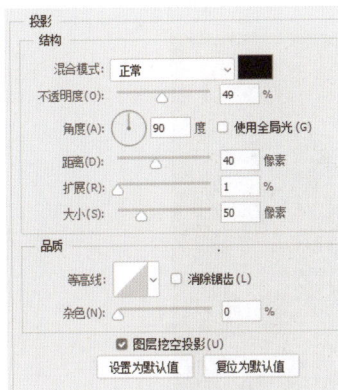

图 5-91　设置投影参数

图 5-92　投影效果

图 5-93　添加文字

图 5-94　设置投影参数

图 5-95　投影效果

图 5-96　添加祥云图像

步骤 10 打开"亮光.psd"素材文件，使用【移动工具】➕将其中的图像拖动到当前编辑的图像中，并放到【贺】字右上方，如图5-97所示。再设置该图层混合模式为【线性减淡】，然后多次按Ctrl+J组合键复制图像，分别放到文字和图像中，如图5-98所示。

图 5-97　添加亮光图像

图 5-98　复制图像

97

步骤 11 选择【横排文字工具】 **T**，在图像下方和右上方输入多行文字，设置文字填充颜色为淡黄色(R239,G199,B115)。再选择【矩形工具】 ▢，在工具属性栏中设置填充为【无颜色】、描边为淡黄色 (R239,G199,B115) 、圆角半径为40像素，然后绘制一个圆角矩形，框选第一行文字，效果如图5-99所示。

步骤 12 选择【直排文字工具】 **IT**，在画面左下方输入中文和英文文字，设置填充颜色为淡黄色 (R239,G199,B115) ，然后参照如图5-100所示的效果进行排列，至此完成本案例的制作。

图 5-99　输入横排文字 　　　　　　　　图 5-100　输入直排文字

第6章 路径与形状的创建

使用选区工具处理复杂造型的图像时往往不够便捷，但借助Photoshop中的钢笔工具和形状工具，用户可以轻松绘制复杂的路径，随后将这些路径转换为选区，从而精确选取复杂的图像区域。本章将详细介绍如何绘制路径和形状，帮助用户掌握相关技巧，提升图像编辑效率。

6.1 认识和绘制路径

路径是Photoshop中的重要工具，在绘图过程中，用户可以将路径转换为选区，或使用颜色填充路径以及为路径轮廓添加描边。路径的创建可以通过【钢笔工具】 ⌀ 和形状工具组来实现。

6.1.1 认识路径

路径在Photoshop中是由贝塞尔曲线构成的闭合或开放曲线段。与选区类似，路径本身没有颜色和宽度，也不会被打印出来。路径分为闭合路径和开放路径：闭合路径没有明显的起点和终点，如图6-1所示；而开放路径则有明显的起点和终点，如图6-2所示。

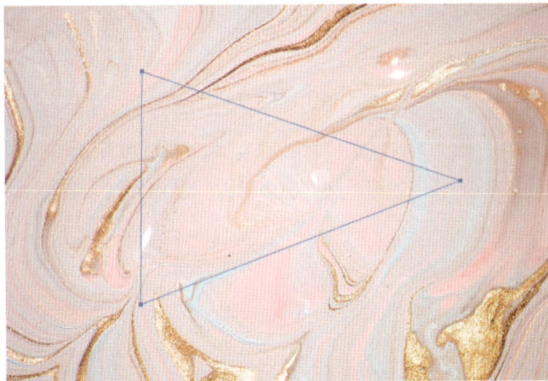

图 6-1　闭合路径

图 6-2　开放路径

路径由锚点、线段和控制手柄3部分构成。在直线型路径中，锚点没有控制手柄；而在曲线型路径中，锚点则通过两个控制手柄来调整曲线的形状，如图6-3所示。用户可以通过选择【窗口】|【路径】命令打开【路径】面板，路径的基本操作都可以在该面板中完成，如图6-4所示。

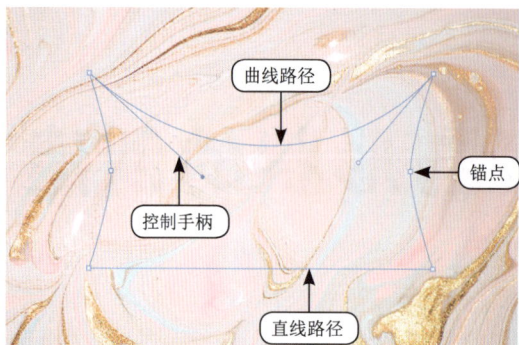

图 6-3　路径结构图

图 6-4　【路径】面板

6.1.2　使用钢笔工具

【钢笔工具】 ◢.是Photoshop中基础的路径绘制工具，常用于绘制各种直线或曲线路径。在工具箱中选择【钢笔工具】 ◢.，其属性栏如图6-5所示。

图 6-5　【钢笔工具】属性栏

【钢笔工具】 ◢.属性栏中常用选项的作用如下。

- 　路径 ∨ ：在该下拉列表框中有3种选项：形状、路径和像素，分别用于创建形状图层、工作路径和填充区域。选择不同的选项时，属性栏中将显示相应的设置内容。
- 建立 选区… 蒙版 形状 ：该组按钮用于在创建选区后，将路径转换为选区或者形状等。
- ⬚ ⬚ ⬚ ：该组按钮用于对路径进行编辑，包括路径形状的合并、重叠、对齐方式以及前后顺序等。
- ☑自动添加/删除 ：该复选框用于设置是否自动添加或删除锚点。

1. 绘制直线

使用【钢笔工具】 ◢.绘制直线段的方法非常简单：在画面中单击作为起点，然后在适当的位置再次单击即可绘制出直线路径，如图6-6所示。将光标移到另一个合适的位置单击，可以继续绘制折线路径，如图6-7所示。最后，将光标移到路径的起点处单击，即可闭合路径，如图6-8所示。

图 6-6　指定路径下一个点

图 6-7　继续绘制路径

图 6-8　闭合路径

🏅 **提示**

使用【钢笔工具】 ◢.绘制直线路径时，按住 Shift 键可以绘制出水平、垂直以及45°方向上的直线路径。

2. 绘制曲线

在使用【钢笔工具】 ⬚.绘制曲线路径时，按住鼠标左键并拖动即可创建曲线。与直线路径相比，曲线路径的绘制更为复杂，需要多加练习才能熟练掌握其绘制技巧。

🖌️ 【练习6-1】绘制曲线路径

步骤 01 在工具箱中选择【钢笔工具】 ⬚.，在图像上单击并拖曳鼠标，生成带控制手柄的锚点。继续单击并拖曳鼠标，创建第2个锚点，如图6-9所示。在拖曳过程中，通过调整控制手柄的方向和长度，可以控制路径的走向，从而绘制出顺滑的曲线。

步骤 02 创建另一段曲线路径后，按住Alt键并单击控制手柄中间的锚点，如图6-10所示，可以减去该端的控制手柄，如图6-11所示。

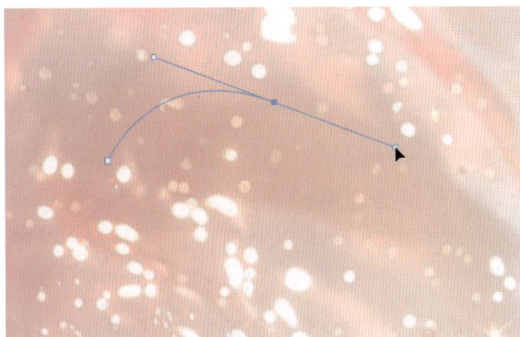

图 6-9　调整路径的控制手柄

图 6-10　单击控制手柄端点

步骤 03 按住Alt键的同时，单击曲线路径的锚点，可以将平滑点转换为角点，从而得到直线路径，如图6-12所示。

图 6-11　删除控制手柄

图 6-12　平滑点变为角点

6.1.3　使用自由钢笔工具

使用【自由钢笔工具】 ⬚.可以在画面中自由绘制路径，就像用铅笔在纸上绘图一样。在绘制过程中，会自动添加锚点，如图6-13所示。绘制完成后，用户还可以对路径形状进行进一步调整和完善。

在工具属性栏中单击【设置】按钮 ⚙，在弹出的面板中选中【磁性的】复选框，如图6-14所示，并设置【曲线拟合】以及磁性的【宽度】【对比】和【频率】等参数。启用磁性功能后，在图像中绘制路径时，自由钢笔工具会自动沿着图像颜色的边缘创建路径，如图6-15所示。

图 6-13　自由绘制路径

图 6-14　设置参数

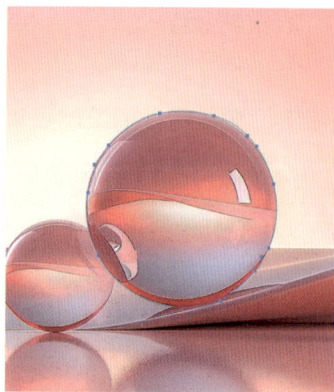

图 6-15　绘制磁性路径

6.2 编辑路径

在创建路径时，如果无法达到理想状态，就需要对其进行编辑。路径的编辑主要包括复制与删除路径、添加与删除锚点、路径与选区的互转、填充和描边路径等。

6.2.1　使用路径选择工具

使用【路径选择工具】▶ 可以选择和移动整个子路径。选择工具箱中的【路径选择工具】▶，将光标移动到需要选择的路径上并单击，即可选中整个子路径。按住鼠标左键不放并拖动，即可移动路径。

6.2.2　使用直接选择工具

使用【直接选择工具】▶ 可以选择或移动路径中的部分路径。选择工具箱中的【直接选择工具】▶，在图像中拖动鼠标框选需要选择的锚点，如图6-16所示，即可选中路径。被选中的锚点显示为黑色实心点，而未选中的锚点则显示为空心点，如图6-17所示。

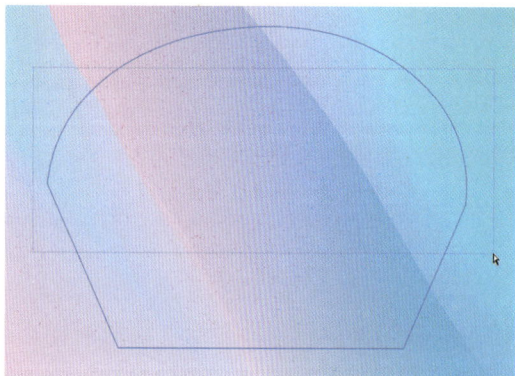

图 6-16　框选锚点

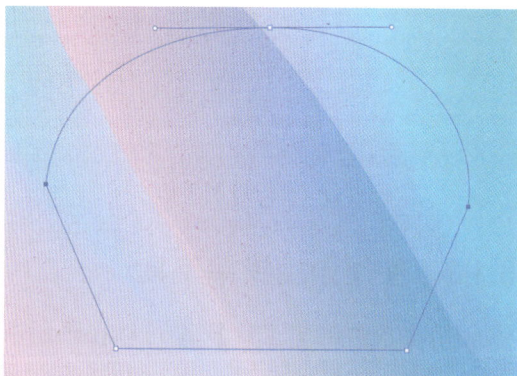

图 6-17　选中的锚点和未选中的锚点

6.2.3　复制路径

如果在绘图过程中需要使用多条相同的路径，可以先绘制好第一条路径，然后对其进行复制。在【路径】面板中选择已绘制的【工作路径】，将其拖动到【创建新路径】按钮 ⊞ 上，如图6-18所示，可以将【工作路径】转换为普通路径【路径1】，如图6-19所示，再将【路径1】拖动到【路径】面板下方的【创建新路径】按钮 ⊞ 上，即可复制该路径，如图6-20所示。

图 6-18　转换路径　　　　　　图 6-19　得到路径 1　　　　　　图 6-20　复制路径

> **提示**
>
> 　在绘制图形时，常常需要保留多个路径以便后续修改，因此为路径重命名可以增加其辨识度。具体操作如下：双击需要重命名的路径，将其激活，然后修改路径名称并按 Enter 键确认即可。

6.2.4　添加与删除锚点

通过路径锚点可以控制路径的平滑度，适当地添加或删除路径锚点，有助于对路径进行编辑。具体操作如下。

1. 添加锚点

选择工具箱中的【添加锚点工具】 ，将光标移到路径上，当光标变为 形状时，单击鼠标即可增加一个锚点，如图6-21所示。

2. 删除锚点

如果需要删除多余的锚点，可以选择【钢笔工具】 或【删除锚点工具】 ，将光标移到要删除的锚点上，当光标变为 形状时，单击鼠标即可将其删除，如图6-22所示。

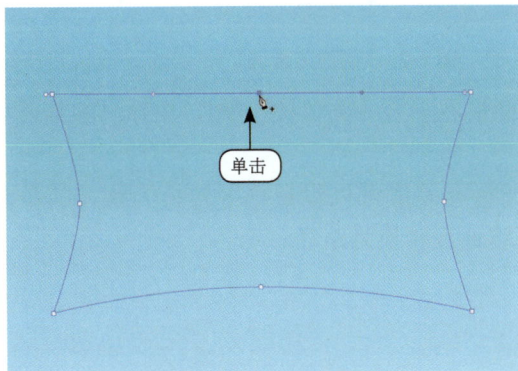

图 6-21　添加锚点　　　　　　　　　　　图 6-22　删除锚点

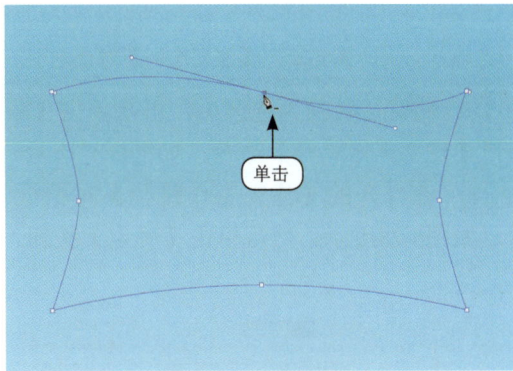

6.2.5　路径和选区的互转

在Photoshop中，路径和选区可以相互转换。掌握路径与选区的互转技巧，不仅能提升工作效率，还能为创意设计带来更多可能性。

【练习6-2】转换路径和选区

步骤 01 打开任意一幅图像，绘制好路径后，在【路径】面板中将自动显示工作路径，如图6-23所示。

步骤 02 单击【路径】面板右上方的菜单按钮▤，在弹出的菜单中选择【建立选区】命令，如图6-24所示。

图 6-23　显示路径　　　　　　　　　　图 6-24　选择【建立选区】命令

步骤 03 在打开的【建立选区】对话框中保持默认设置，如图6-25所示，单击【确定】按钮，即可将路径转换为选区，如图6-26所示。

图 6-25　【建立选区】对话框　　　　　图 6-26　创建的选区

步骤 04 将路径转换为选区后，再次单击【路径】面板右上方的菜单按钮▤，在弹出的菜单中选择【建立工作路径】命令，如图6-27所示。

步骤 05 在打开的【建立工作路径】对话框中，调整容差值可以设置选区转换为路径的精确度，如图6-28所示，然后单击【确定】按钮，即可将选区转换为路径。

图 6-27　选择【建立工作路径】命令　　图 6-28　设置【容差】值

> **提示**
>
> 　　单击【路径】面板下方的【从选区生成工作路径】按钮◇，可以快速将选区转换为路径；单击【将路径作为选区载入】按钮○，可以快速将路径转换为选区。

6.2.6　填充路径

　　绘制好路径后，可以为路径填充颜色。路径的填充与选区的填充类似，可以使用颜色或图案填充路径内部的区域。

　　【练习6-3】填充路径

步骤 01 在【路径】面板中选中需要填充的路径，然后单击鼠标右键，在弹出的快捷菜单中选择【填充路径】命令，如图6-29所示。

步骤 02 在打开的【填充路径】对话框中，可以设置用于填充的颜色和图案样式，如图6-30所示。

步骤 03 单击【确定】按钮，即可将颜色或图案填充到路径中，如图6-31所示。

图 6-29　选择【填充路径】命令　　　　图 6-30　选择图案样式　　　　图 6-31　图案填充效果

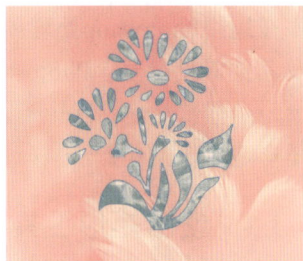

6.2.7　描边路径

　　描边路径是沿着路径的轨迹绘制或修饰图像。在【路径】面板中单击【用画笔描边路径】按钮○可以快速为路径绘制边框。

　　【练习6-4】描边路径

步骤 01 在工具箱中设置好用于描边的前景色(如蓝色)，然后选择【画笔工具】，在工具属性栏中设置好画笔大小、不透明度和笔尖形状等参数，如图6-32所示。

图 6-32　设置【画笔工具】属性栏

步骤 02 在【路径】面板中选择需要描边的路径，然后单击鼠标右键，在弹出的快捷菜单中选择【描边路径】命令。

步骤 03 打开【描边路径】对话框，在【工具】下拉列表中选择【铅笔】选项，如图6-33所示，然后单击【确定】按钮，即可得到图像的描边效果，如图6-34所示。

图 6-33　选择【铅笔】选项　　　　　　　图 6-34　路径描边效果

6.2.8　删除路径

如果要删除路径，可以将其拖动到【路径】面板下方的【删除当前路径】按钮 🗑 上，或选择该路径中的锚点，按Delete键即可删除。

6.3　绘制图形

在运用Photoshop处理图像的过程中，常常需要绘制一些基本图形，如人物、动物、植物以及其他常见符号。Photoshop提供了多个形状工具，可以帮助用户快速准确地绘制出相应的图形。这些工具包括【矩形工具】【椭圆工具】【三角形工具】【多边形工具】【直线工具】和【自定形状工具】。

6.3.1　使用矩形工具

在工具箱中选择【矩形工具】 ▢，然后在工具属性栏的工具模式下拉列表中选择【形状】选项，如图6-35所示。在图像编辑区单击并按住鼠标左键进行拖曳，即可绘制矩形形状。

图 6-35　【矩形工具】属性栏

💛 **提示**

在绘制矩形形状时，按住 Shift 键，可绘制出正方形；按住 Alt 键，可以该点为中心绘制矩形；按住 Shift+Alt 键，可以该点为中心绘制正方形。

【矩形工具】属性栏中常用选项的作用如下。

- 工具模式 形状 ▾：在该下拉列表框中可以选择绘图方式，其中包括【路径】【形状】和【像素】3种绘图方式。选择【形状】选项，可以在绘制图形的同时创建一个形状图层，如图6-36和图6-37所示；选择【路径】选项，可以绘制路径；选择【像素】选项，可以在图像中绘制图形，如同使用【画笔工具】 ✏ 一样。

图 6-36 绘制矩形

图 6-37 形状图层

- 填充：单击该选项后面的色块，将弹出相应的色块面板，在其中可以选择填充的类型，包括无颜色、纯色、渐变和图案等类型，如图6-38所示。单击色块面板右上角的【拾色器】按钮，可以打开【拾色器(填充颜色)】对话框进行颜色设置，如图6-39所示。

图 6-38 填充面板

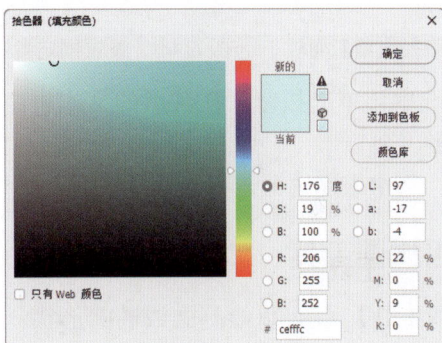

图 6-39 【拾色器 (填充颜色)】对话框

- 描边：单击该选项后面的色块，将弹出一个颜色面板，在其中可以设置描边的类型，包括无颜色、纯色、渐变和图案等类型。
- [1 像素 ▾]：用于设置形状描边的宽度。
- [──── ▾]：用于设置形状描边的类型，单击该按钮，用户可以在打开的下拉面板中选择描边类型、对齐方式，以及端点和角点的方式，如图6-40所示，单击【更多选项】按钮，可以在打开的【描边】对话框中设置更复杂的虚线效果，如图6-41所示。
- [⌐ 0 像素]：在【半径】文本框中可以设置圆角半径参数，从而绘制具有圆角的矩形形状，效果如图6-42所示。

图 6-40 描边选项

图 6-41 【描边】对话框

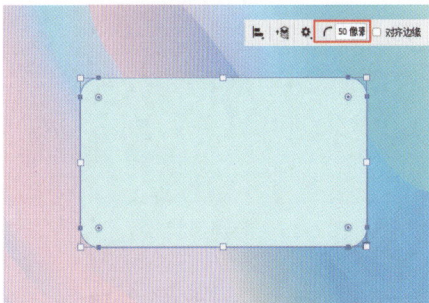

图 6-42 圆角矩形形状

在【矩形工具】□的属性栏中除可设置矩形的绘图模式、填充和描边外，也可以在工具属性栏中单击【设置】按钮 ⚙，在弹出的【路径选项】面板中设置矩形的其他参数，如图6-43所示。

- 不受约束：选中该单选按钮，可以绘制出任意长宽比的矩形。
- 方形：选中该单选按钮，可以绘制正方形。
- 固定大小：选中该单选按钮，在其后的文本框中输入宽度和高度值(W为宽度，H为高度)，如图6-44所示，然后在图像上单击鼠标左键，即可绘制相应尺寸的矩形，如图6-45所示。

图 6-43　【路径选项】面板　　　图 6-44　设置固定参数　　　图 6-45　绘制固定尺寸的矩形

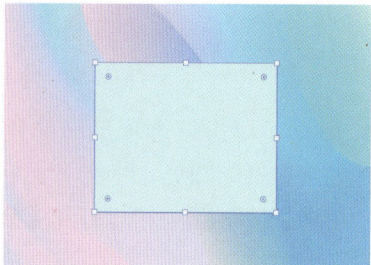

- 比例：选中该单选按钮，在其后的文本框中输入宽度和高度的比例，可以绘制相应比例的矩形。
- 从中心：选中该复选框，在创建矩形时，将以单击点的位置为矩形的中心进行绘制。

6.3.2　使用椭圆工具

使用【椭圆工具】可以绘制圆或椭圆形状，其属性栏与【矩形工具】相似。在图像窗口中单击，并按住鼠标左键进行拖动，即可绘制椭圆形状，如图6-46所示。按住Shift键，可以绘制圆形形状。

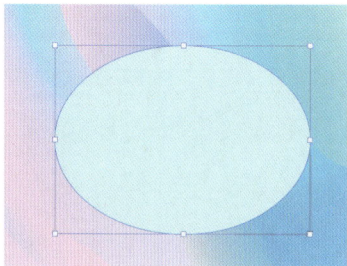

6.3.3　使用三角形工具

使用【三角形工具】可以绘制三角形和圆角三角形，其属性栏与【矩形工具】相似。在图像窗口中单击，并按住鼠标左键进行拖动，即可绘制三角形形状，如图6-47所示。在工具属性栏中设置【半径】参数，可以改变顶点的圆角平滑程度，得到圆角三角形，如图6-48所示。

图 6-46　椭圆形状　　　图 6-47　三角形形状　　　图 6-48　圆角三角形

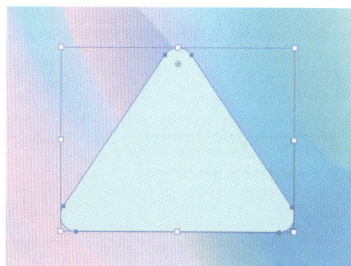

6.3.4　使用多边形工具

使用【多边形工具】可以绘制具有不同边数的多边形形状，如图6-49所示。在绘制多边形的过程中，可以通过设置边数来控制多边形的形状，如三角形、四边形、五边形等。此外，还可以调整多边形的半径、圆角、旋转角度等属性。在工具属性栏中单击【设置】按钮 ⚙，可以在弹出的面板中设置多边形的效果，如图6-50所示。

图 6-49　多边形形状

图 6-50　【多边形工具】属性栏

6.3.5　使用直线工具

使用【直线工具】 ⁄ 可以绘制具有不同粗细的直线形状。此外，还可以根据需要为直线添加单向或双向箭头。其属性栏如图6-51所示。

【直线工具】属性栏中常用选项的作用如下。

- 粗细：用于设置直线的宽度。
- 起点/终点：如果要绘制带箭头的直线，则需要选中对应的复选框。选中【起点】复选框，表示箭头出现在直线的起点；选中【终点】复选框，则表示箭头出现在直线的末端，如图6-52所示。
- 宽度/长度：用来设置箭头的宽度和长度。
- 凹度：用来设置箭头的尖锐程度。

图 6-51　【直线工具】属性栏

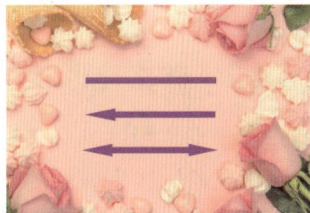

图 6-52　绘制直线形状

6.3.6　使用自定形状工具

使用【自定形状工具】 ⭗ 可以绘制系统自带的各种形状，例如花卉、动物和植物等。这一功能大大降低了绘制复杂形状的难度。

选择【自定形状工具】 ⭗，其属性栏如图6-53所示。单击【形状】右侧的三角形按钮，在其下拉列表框中可以选择预设的形状。选择一种形状，设置好样式、绘制方式和颜色等参数后，在图像窗口中单击，并按住鼠标左键进行拖动，即可绘制相应的图形，如图6-54所示。

图 6-53　【自定形状工具】属性栏

图 6-54　绘制花朵图形

6.4 编辑图形

为了更好地使用创建的形状对象，在创建形状图层后，可以对其进行进一步编辑。例如，可以改变形状、重新设置颜色，或者将其转换为普通图层等。

6.4.1 改变形状图层的颜色

绘制一个形状图层后，在【图层】面板中将显示一个形状图层，并在图层缩略图中显示矢量蒙版缩略图，该矢量蒙版缩略图会显示所绘制的形状和颜色，同时在缩略图右下角显示形状图标，如图6-55所示，双击该图标，可以在打开的【拾色器(纯色)】对话框中为形状设置新的颜色，如图6-56所示。

图 6-55　形状图层

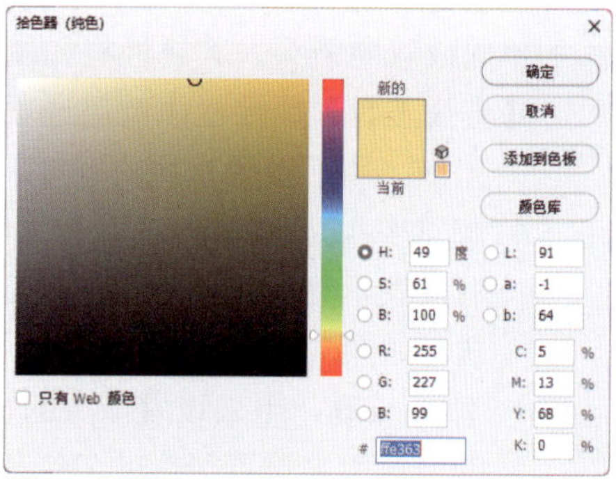

图 6-56　修改颜色

6.4.2 栅格化形状图层

由于形状图层具有矢量特征，使得用户无法对其进行与普通图像一样的处理。因此，需要将形状图层转换为普通图层。

在【图层】面板中，右击形状图层右侧的空白处，然后在弹出的快捷菜单中选择【栅格化图层】命令，如图6-57所示，即可将形状图层转换为普通图层，同时图层右下角的形状图标也会消失，如图6-58所示。

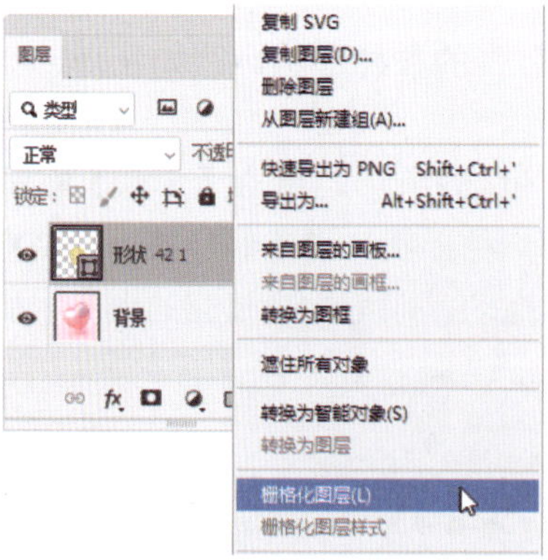

图 6-57　选择【栅格化图层】命令

图 6-58　栅格化图层

6.5　课堂案例

本节将通过制作餐厅LOGO设计和指纹登录UI界面设计的案例，综合运用所学的路径与形状知识，包括绘制路径、编辑路径及绘制图形等，帮助用户巩固路径与形状的创建与应用技能。

6.5.1　餐厅LOGO设计

本案例将应用本章所学的知识，绘制一个餐厅LOGO图标，巩固【钢笔工具】和【形状工具组】的使用技巧。本例的最终效果如图6-59所示。

图 6-59　案例效果

本案例的具体操作步骤如下。

步骤 01 打开"灰色背景.jpg"素材文件，如图6-60所示。

步骤 02 选择【钢笔工具】 ，在灰色矩形中单击确定起点，然后移动光标到下一个点，再次单击并按住鼠标拖动，得到曲线路径，效果如图6-61所示。

步骤 03 继续在其他位置单击并按住鼠标拖动，绘制下一段曲线路径，如图6-62所示。

图 6-60　打开素材图像 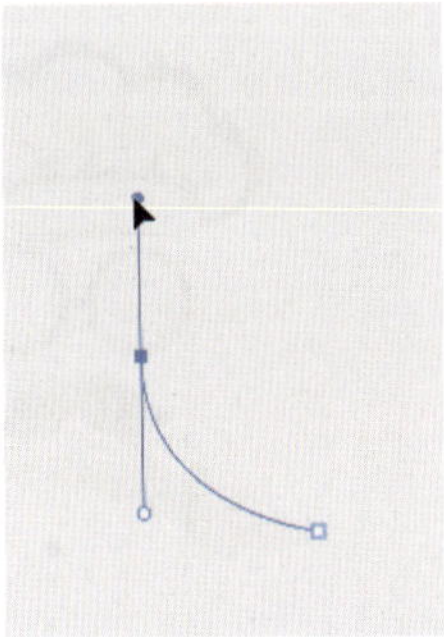　　　图 6-61　绘制曲线路径 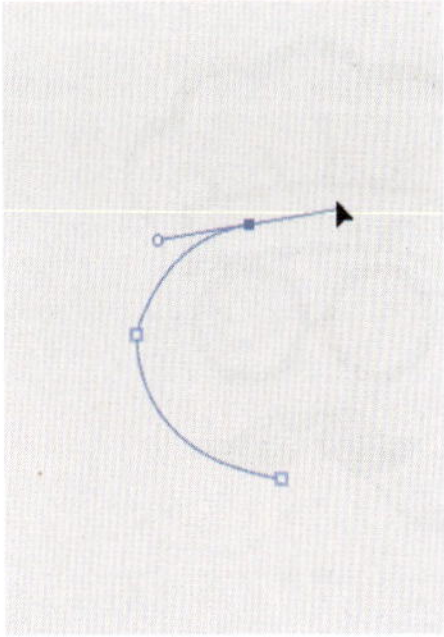　　图 6-62　绘制下一段曲线

步骤 04 通过连续绘制曲线，并调整锚点状态，得到帽子顶部的图形轮廓，如图6-63所示。

步骤 05 单击【图层】面板下方的【创建新图层】按钮 ，新建一个图层。然后按Ctrl+Enter组合键，将绘制的路径转换为选区，再将选区填充为黑色，如图6-64所示。

步骤 06 使用【钢笔工具】 绘制一个帽檐图形路径，如图6-65所示。

图 6-63　绘制图形　　　　　　　　图 6-64　填充颜色　　　　　　图 6-65　绘制帽檐路径

步骤 07 单击【路径】面板底部的【将路径作为选区载入】按钮 ○，将路径转换为选区，然后将选区填充为黑色，如图6-66所示。

步骤 08 选择【椭圆工具】 ○，在工具属性栏中设置工具模式为【形状】，设置填充为【无颜色】、描边为黑色，描边宽度为15像素，然后在帽檐下方绘制两个圆环，如图6-67所示。

步骤 09 使用【钢笔工具】 ⌀.在圆环中间绘制一条直线，得到眼镜图形，效果如图6-68所示。

图 6-66　绘制帽檐　　　　　　　图 6-67　绘制圆环　　　　　　图 6-68　绘制直线

步骤 10 选择【钢笔工具】 ⌀，在工具属性栏中设置工具模式为【形状】，填充为黑色、描边为白色、描边宽度为9像素，在眼镜下方绘制胡子和烟斗图形，如图6-69所示。

步骤 11 参照如图6-70所示的效果，继续使用【钢笔工具】 ⌀.在烟斗图形下方绘制一个图形，填充为红色(R196,G13,B35)，并在【图层】面板中调整图层顺序。

步骤 12 继续绘制一个月牙图形，填充为红色(R196,G13,B35)，如图6-71所示。

图 6-69　绘制胡子和烟斗　　　　图 6-70　绘制红色图形　　　　图 6-71　绘制月牙图形

步骤 13 选择【钢笔工具】 ⌀，设置工具模式为【形状】、填充为【无颜色】、描边为红色、宽度为17像素，然后单击属性栏中的【描边类型】选项 ——∨，单击【更多选项】按钮，打开【描边】对话框，设置【端点】为圆形，如图6-72所示，

步骤 14 使用【钢笔工具】 ⌀.在帽子左侧绘制一条曲线，效果如图6-73所示。

步骤 15 继续使用【钢笔工具】 ⌀.绘制两条曲线，形成一个圆形状态，如图6-74所示。

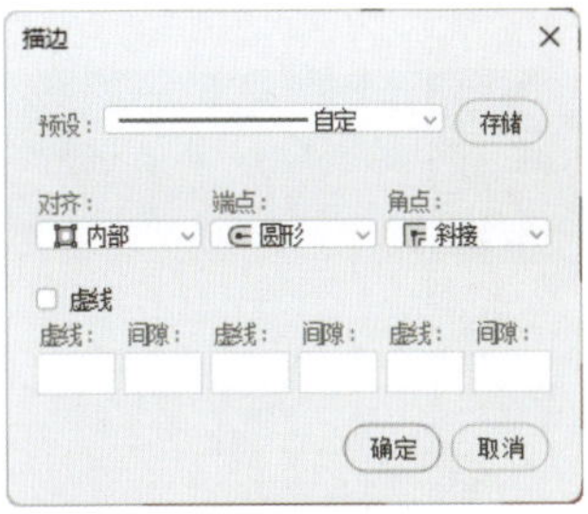

图 6-72　设置描边端点 　　　　图 6-73　绘制曲线 　　　　图 6-74　绘制其他曲线

步骤 16 选择【横排文字工具】 T.，在图形下方输入中文和英文，选择一种合适的字体，然后填充颜色为黑色，并适当调整文字大小，效果如图6-75所示。

步骤 17 打开"餐盘.jpg"素材文件，将绘制好的LOGO图像移动到餐盘图像中，如图6-76所示，完成本例的制作。

图 6-75　输入文字 　　　　　　　　　　　图 6-76　图像效果

6.5.2　指纹登录UI界面设计

本案例将结合本章所学的知识，运用【钢笔工具】和形状工具组，绘制一个指纹登录UI界面。本例的最终效果如图6-77所示。

本案例的具体操作步骤如下。

步骤 01 新建一个宽度为750像素、高度为1334像素、名称为【指纹登录UI界面】的图像文件。

步骤 02 选择【渐变工具】 ，单击属性栏中的渐变色条 ，在打开的对话框中设置渐变颜色从浅蓝色(R180,G181,B234)到紫色(R207,G159,B192)，再到粉红色(R232,G138,B153)，如图6-78所示。

步骤 03 在属性栏中设置渐变方式为【线性渐变】 ，然后在图像底部单击并按住鼠标向上拖动，得到渐变填充效果，如图6-79所示。

图 6-77　实例效果

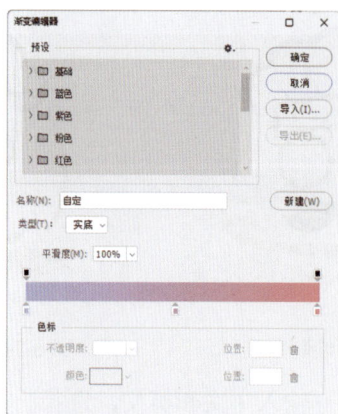

图 6-78　设置渐变色

图 6-79　填充背景

步骤 04 选择【椭圆工具】 ，在属性栏中设置工具模式为【形状】，设置填充为白色、描边为【无颜色】，然后在图像右上方绘制一个圆形，如图6-80所示。此时在【图层】面板中会生成一个形状图层，设置该图层不透明度为12%，得到透明圆形效果，如图6-81所示。

图 6-80　绘制圆形

图 6-81　形状图层

步骤 05 按Ctrl+J组合键复制一次圆形，再将其适当缩小，得到重叠效果，如图6-82所示。

步骤 06 打开"手机.psd"素材文件，使用【移动工具】 将手机图像拖曳到当前编辑的图像中，并适当调整其大小，效果如图6-83所示。

步骤 07 选择【钢笔工具】 ，在属性栏中设置工具模式为【形状】、填充为白色、描边为无，在画面下方绘制一个梯形图形，如图6-84所示。

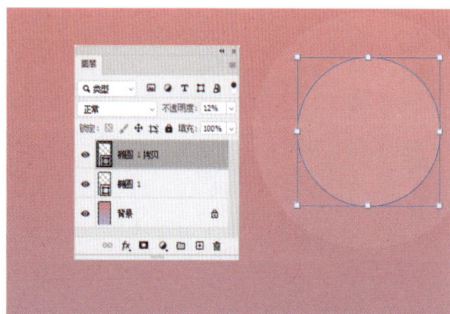

图 6-82　复制并缩小对象

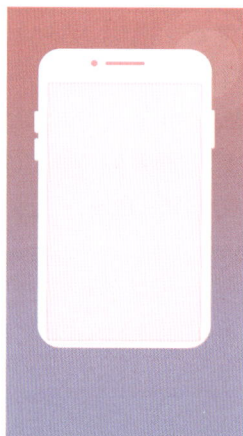

图 6-83　添加素材对象

图 6-84　绘制梯形图形

步骤 08 选择【椭圆工具】 ◯.，在属性栏中设置工具模式为【形状】、设置填充为粉红色
(R255,G239,B248)、描边为【无颜色】，在图像中绘制一个圆形，如图6-85所示。

步骤 09 新建一个图层，使用【椭圆选框工具】 ◯.在手机图像中间绘制一个圆形选区，选择
【渐变工具】 ▦.，打开【渐变编辑器】对话框，设置渐变色从粉红色(R236,G188,B216)到透
明，并调整上下色标的位置，如图6-86所示。

步骤 10 对圆形选区应用径向渐变填充，将鼠标放到选区中间，按住鼠标向外拖动，得到渐变
填充效果，如图6-87所示。

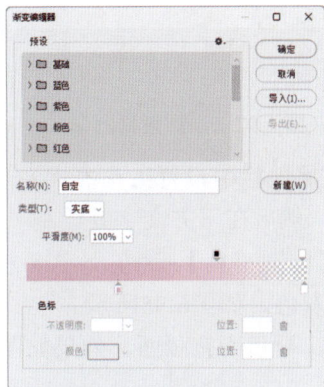

图 6-85　绘制圆形　　　　　　图 6-86　设置渐变色　　　　　　图 6-87　渐变填充效果

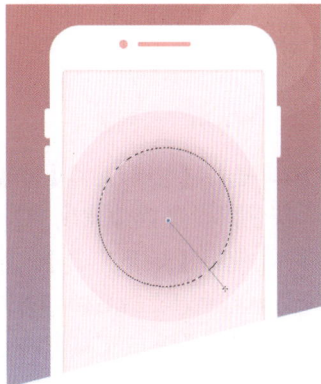

步骤 11 选择【椭圆工具】 ◯.，在属性栏中设置工具模式为【形状】、描边为【无颜色】，
单击填充后面的色块，在打开的面板中单击【渐变】按钮 ▦，然后设置渐变颜色从蓝色
(R191,G215,B253)到粉红色(R221,G138,B183)，如图6-88所示。

步骤 12 设置好渐变参数后，按住Shift键，在手机中绘制一个圆形，效果如图6-89所示。

步骤 13 打开"指纹.psd"素材图像，将指纹图像拖曳到手机图像中，如图6-90所示。

图 6-88　设置渐变颜色　　　　　　图 6-89　绘制渐变圆形　　　　　　图 6-90　添加素材图像

步骤 14 选择【椭圆工具】 ◯.，在指纹周围绘制3个大小不同的小圆点，填充为洋红色
(R229,G104,B117)，如图6-91所示。

步骤 15 打开"手和火箭.psd"素材文件，使用【移动工具】 ✛.将其中的图像拖动到当前编辑
的图像中，并排列成如图6-92所示的效果。

步骤 16 使用【横排文字工具】 T.在画面左上方输入文字，选择一种合适的字体，然后填充颜
色为黑色，并适当调整文字大小，效果如图6-93所示。

图 6-91　绘制圆点　　　　　图 6-92　添加素材图像　　　　　图 6-93　输入文字

步骤 17 选择【矩形工具】 ▢ ，在属性栏中设置工具模式为【形状】、填充为【无颜色】、描边为灰色，设置描边宽度为2像素，然后在下方文字处绘制一个矩形边框，如图6-94所示。

步骤 18 使用【矩形工具】 ▢ 和【椭圆工具】 ○ 在文字下方分别绘制圆角矩形和圆形，分别填充为洋红色(R229,G104,B177)和灰色，如图6-95所示。

步骤 19 双击【缩放工具】按钮 🔍 ，显示所有画面，效果如图6-96所示，完成本案例的制作。

图 6-94　绘制矩形边框　　　　　图 6-95　绘制圆角矩形和圆形　　　　　图 6-96　最终效果

第7章 图像的绘制与修饰

Photoshop提供了多种绘图工具，利用这些绘图工具不仅可以进行图像的创建，还可以通过自定义的画笔样式和铅笔样式创建各种图形特效。此外，用户还可以利用Photoshop中的修饰工具修复画面中的污渍、去除多余图像、复制图像以及对图像局部颜色进行处理等。本章将学习图像绘制与修饰的操作，熟练掌握绘图和修饰图像工具，能够更自如地表达创意，打造出令人惊叹的视觉作品。

7.1 绘制图像

在图像处理过程中，用户可以使用工具箱中的绘图工具绘制边缘柔和的线条图像，也可以绘制具有特殊形状的线条图像。

7.1.1 认识【画笔设置】面板

【画笔设置】面板是绘制图像时非常重要的面板之一，通过该面板可以设置绘图工具与修饰工具的画笔大小、笔刷样式和硬度等属性。设置不同的组合能够产生很多奇妙的画笔样式。选择【窗口】|【画笔设置】命令，或按F5键，即可打开【画笔设置】面板，如图7-1所示。

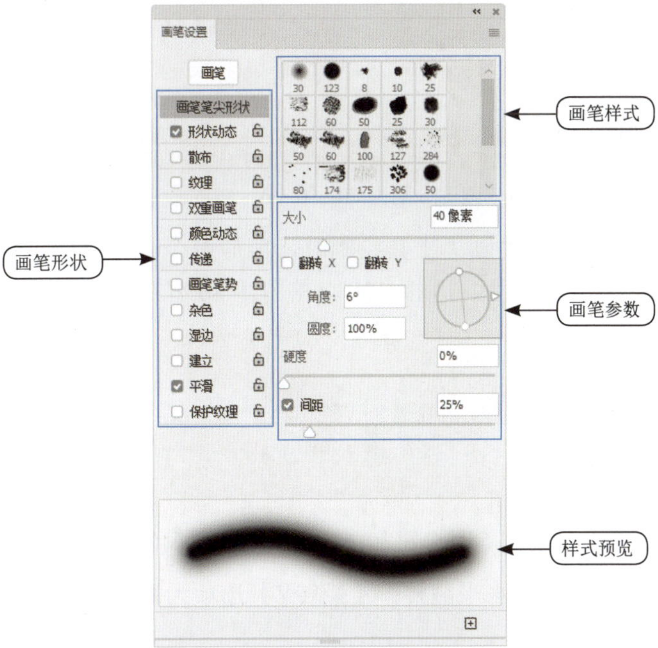

图 7-1　【画笔设置】面板

打开【画笔设置】面板后，默认情况下处于【画笔笔尖形状】选项区域状态。可以设置画笔的形状、样式、大小、硬度和间距等。其中常用选项的作用如下。

- 大小：用于控制画笔的尺寸，在文本框中输入数值或拖动下方滑块，即可修改画笔大小。
- 硬度：用于设置画笔的边缘晕化程度。值越大，画笔边缘越清晰；值越小，画笔边缘越柔和。图7-2展示了硬度分别为70%(左图)和25%(右图)时的画笔效果。

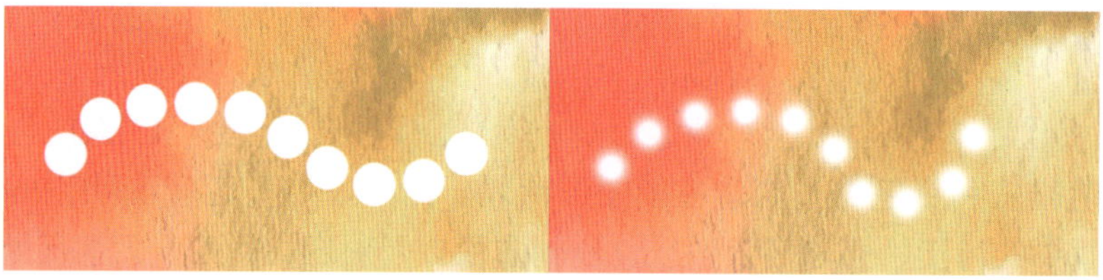

图 7-2　硬度分别为 70% 和 25% 时的画笔效果

- 角度：用于设置画笔的旋转角度，值越大，旋转效果越明显。图7-3展示了角度分别为0度(左图)和75度(右图)时的画笔效果。

图 7-3　角度分别为 0 度和 75 度时的画笔效果

- 圆度：用于设置画笔垂直方向和水平方向的比例关系，值越大，画笔越圆。图7-4展示了圆度分别为70%(左图)和10%(右图)时的画笔效果。

图 7-4　圆度分别为 70% 和 10% 时的画笔效果

- 间距：用于设置连续运用画笔工具绘制时，前后两个画笔之间产生的距离，值越大，间距越大。图7-5展示了间距分别为120%(左图)和80%(右图)时的画笔效果。

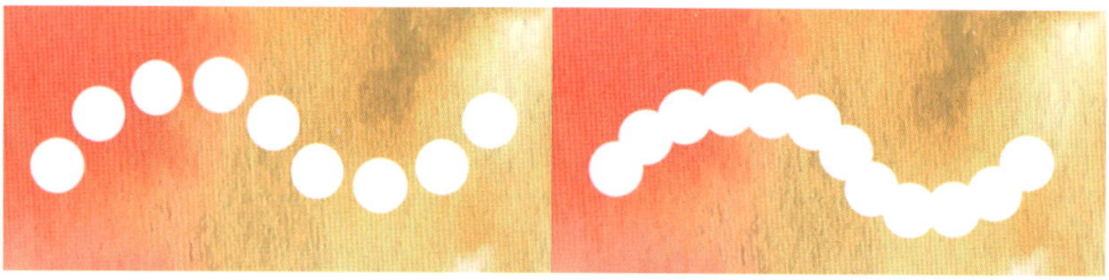

图 7-5　间距分别为 120% 和 80% 时的画笔效果

- 翻转：【翻转X】选项为水平翻转；【翻转Y】选项为垂直翻转。图7-6展示了画笔垂直翻转前后的对比效果。

图 7-6　画笔垂直翻转前后的对比效果

【练习7-1】设置画笔效果

步骤 01　打开"城堡.jpg"素材图像文件，如图7-7所示。

步骤 02　选择【画笔工具】，单击属性栏左侧的【切换"画笔设置"面板】按钮，打开【画笔设置】面板。在【画笔笔尖形状】选项区域中选择一种画笔样式(如【柔角】)，然后设置【大小】为50像素、【间距】为126%，如图7-8所示。

图 7-7　打开素材图像

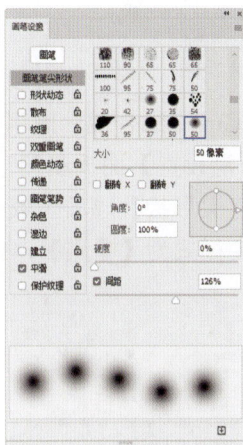

图 7-8　设置画笔大小和间距

步骤 03　在左侧列表中选择【形状动态】选项，设置画笔的【大小抖动】参数，可以调整画笔笔迹的变化，如图7-9所示。

步骤 04　在图像窗口中按住鼠标进行拖动，即可使用设置好的画笔进行图像绘制，效果如图7-10所示。

图 7-9　设置大小抖动

图 7-10　设置大小抖动后的绘图效果

步骤 05 在【画笔设置】面板左侧选择【散布】选项，设置【散布】和【数量抖动】等参数，可以调整画笔的分布和密度，如图7-11所示。在图像中绘制的图像效果如图7-12所示。

图 7-11　设置散布选项　　　　　图 7-12　设置散布后的绘图效果

步骤 06 连续按Ctrl+Z组合键，撤销绘制的图像。

步骤 07 在【画笔设置】面板左侧选择【双重画笔】选项，可以设置两种画笔的混合效果。例如，在【画笔笔尖形状】选项区域设置主要笔尖样式为【柔角】，然后在【双重画笔】选项区域设置次要笔尖样式为【喷溅】，如图7-13所示，在绘制图像时，得到的效果如图7-14所示。

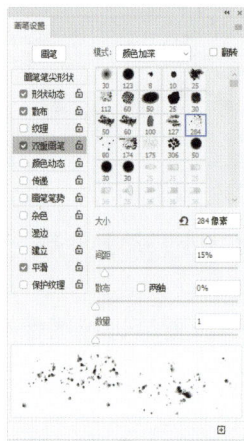

图 7-13　设置双重画笔选项　　　　　图 7-14　设置双重画笔后的绘图效果

7.1.2　画笔工具

使用【画笔工具】绘制图像时，可以在工具属性栏中设置画笔的大小、样式、模式、不透明度、硬度等。在工具箱中选择【画笔工具】，其属性栏如图7-15所示。

图 7-15　【画笔工具】属性栏

【画笔工具】属性栏中常用选项的作用如下。

- 画笔预设：单击画笔图标右侧的下拉按钮，可以打开画笔下拉面板，该面板中包含了预设的画笔样式，如图7-16所示，单击某一画笔类型，即可展开该类画笔。

- 模式：用于设置画笔工具对当前图像中像素的混合方式，即当前使用的绘图颜色与原有底色之间的混合模式。在下拉列表中可以选择所需模式，如图7-17所示。
- 不透明度：用于设置画笔颜色的不透明度，数值越大，不透明度越高。
- 流量：用于设置画笔工具的压力大小，数值越大，画笔笔触越浓。
- 切换"画笔设置"面板：单击该按钮，将打开【画笔设置】面板。
- 启用喷枪样式的建立效果：按下该按钮时，画笔工具会模拟喷枪的效果进行绘图。

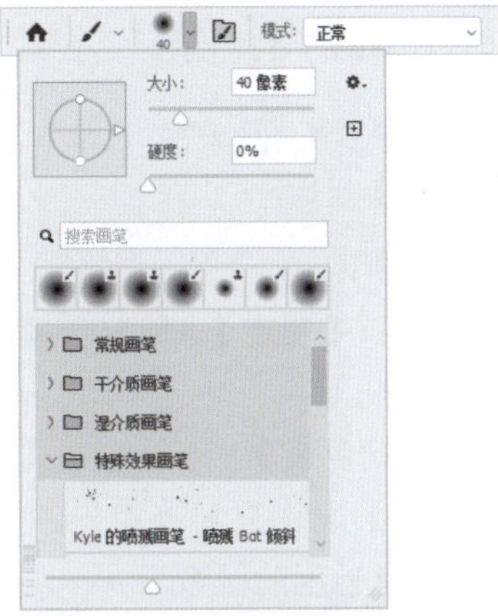

图 7-16　画笔下拉面板 　　　　图 7-17　【模式】下拉列表

7.1.3　铅笔工具

【铅笔工具】的功能与现实生活中的铅笔相同，绘制出的线条效果比较生硬，主要用于直线和曲线的绘制，其操作方法与【画笔工具】相同。在工具箱中右击【画笔工具】，在展开的画笔工具组中可以选择【铅笔工具】，其属性栏如图7-18所示，相对于【画笔工具】，【铅笔工具】属性栏中增加了一个【自动抹除】选项。

图 7-18　【铅笔工具】属性栏

选择【铅笔工具】，单击属性栏左侧的【画笔预设】按钮，可以打开画笔预设面板，其中的画笔样式与【画笔工具】一样，如图7-19所示。例如，设置前景色为白色时，绘制的线条图像效果如图7-20所示。

图 7-19　设置画笔形态　　　　图 7-20　使用【铅笔工具】绘制的线条图像

> **提示**
>
> 　　在工具属性栏中选中【自动抹除】复选框时，【铅笔工具】 会根据笔头经过的区域颜色自动切换绘图操作。如果笔头经过的区域颜色与前景色一致，工具会自动擦除前景色并填充背景色；如果区域颜色与前景色不一致，则正常使用前景色绘制图像。

7.1.4　颜色替换工具

　　【颜色替换工具】 能够校正目标颜色，并对图像中特定的颜色进行替换。在工具箱中的画笔工具组中选择【颜色替换工具】 ，其属性栏如图7-21所示。

图 7-21　【颜色替换工具】属性栏

　　【颜色替换工具】属性栏中常用选项的作用分别如下。

- 模式：其中包括【色相】【饱和度】【颜色】和【明度】4种混合模式。通过设置不同的模式可以改变替换的颜色与背景色之间的效果。
- 取样方式：其中包括【连续】【一次】和【背景色板】3种取样方式。【连续】表示在按住左键进行拖动时对图像连续取样；【一次】表示只替换第一次单击颜色时所在区域的目标颜色；【背景色板】表示只涂抹包含背景色的区域。
- 限制：其中包括【连续】【不连续】和【查找边缘】3个选项。选择【连续】选项，可以替换光标周围附近的颜色；选择【不连续】选项，可以替换光标经过的任何颜色；选择【查找边缘】选项，可以替换样本颜色周围的区域，同时保留图像边缘。
- 容差：通过调整容差值来增减颜色范围。

> **提示**
>
> 　　【颜色替换工具】 不能用于位图、索引和多通道模式的图像中。

7.1.5　混合器画笔工具

　　【混合器画笔工具】 是一款专业的绘画工具，能够模拟真实绘画效果并实现自然的颜色混合，非常适合需要高质量绘画和颜色过渡的设计与创作场景。

　　在工具箱中的画笔工具组中选择【混合器画笔工具】 ，可以在属性栏中设置笔触的颜色、潮湿度和混合色等，如图7-22所示。

图 7-22　【混合器画笔工具】属性栏

　　【混合器画笔工具】属性栏中常用选项的作用分别如下。

- 潮湿：设置画笔从画布拾取的油彩量。数值越高，绘画条痕越长。
- 载入：设置画笔的油彩量。数值较低时，绘画描边的干燥速度会更快。
- 混合：设置多种颜色的混合程度。
- 流量：控制混合画笔的流量大小。

● 对所有图层取样：选中该复选框后，所有图层将被视为一个合并的图层进行处理。

【练习7-2】应用【混合器画笔工具】

步骤 01 打开"树林.jpg"素材图像，如图7-23所示，然后按Ctrl+J组合键，复制一次背景图像，并生成图层1。

步骤 02 选择【套索工具】 ，在属性栏中将【羽化】参数设置为20像素，然后框选草地和白色花朵，创建相应图像的选区，如图7-24所示。

图 7-23　打开素材图像 　　　　　　　　　　图 7-24　创建选区

步骤 03 设置前景色为浅黄色(R255,G208,B111)，选择【混合器画笔工具】 ，在属性栏中设置【画笔大小】为150像素，选择【湿润，深混合】模式，其他参数的设置如图7-25所示。

图 7-25　设置画笔

步骤 04 使用设置好的画笔在选区中进行涂抹，效果如图7-26所示。

步骤 05 使用【套索工具】 重新框选树干和粉色花朵，然后使用【混合器画笔工具】 在选区中进行涂抹，效果如图7-27所示。

图 7-26　涂抹草地　　　　　　　　　　图 7-27　涂抹图像的其他区域

步骤 06 在【图层】面板中选择背景图层，然后按Ctrl+J组合键复制背景图层，再将复制的图层移到【图层】面板的顶部，如图7-28所示。

步骤 07 选择【滤镜】|【滤镜库】命令，打开【滤镜库】对话框。选择【艺术效果】|【水彩】选项，设置水彩滤镜的参数如图7-29所示，然后单击【确定】按钮。

图 7-28　复制图层

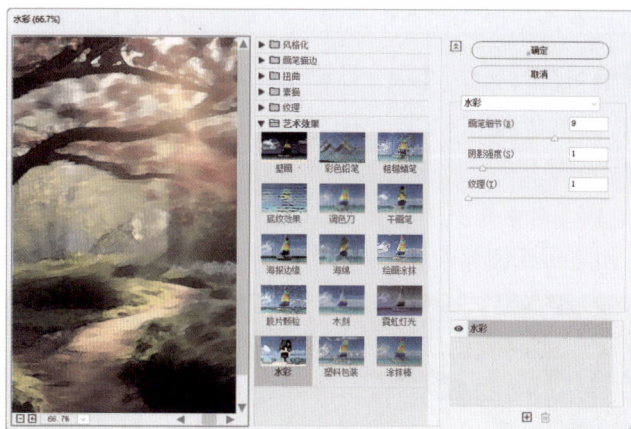

图 7-29　添加【水彩】滤镜

步骤 08 在【图层】面板中，设置【背景 拷贝】图层的混合模式为【滤色】，如图7-30所示，即可得到水彩画效果，如图7-31所示。

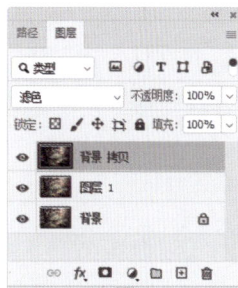

图 7-30　设置图层混合模式

图 7-31　水彩画效果

7.2　修饰图像

　　Photoshop提供了多种图像修饰工具，使用它们对图像进行修饰，将会让图像更加完美，更富艺术性。常用的图像修饰工具包括工具箱中的模糊工具组和减淡工具组。

7.2.1　使用模糊和锐化工具

　　【模糊工具】用于柔化图像，在图像上涂抹的次数越多，图像越模糊；【锐化工具】的作用与【模糊工具】相反，用于增大图像的色彩反差，但反复涂抹同一区域可能导致图像失真。

　　在工具箱中选择【模糊工具】，其属性栏如图7-32所示。【锐化工具】的属性栏与【模糊工具】的属性栏基本相同。

图 7-32　【模糊工具】属性栏

【模糊工具】属性栏中常用选项的作用如下。

- 模式：用于选择模糊图像的模式。
- 强度：用于设置模糊的压力程度。数值越大，模糊效果越明显；数值越小，模糊效果越弱。

打开需要处理的素材图像，如图7-33所示。在工具箱中选择【模糊工具】 ◇，在工具属性栏中设置好参数后，在画面中的琴键区域按住鼠标并拖动进行涂抹操作，光标所涂抹过的区域将产生景深模糊效果，如图7-34所示。选择【锐化工具】 △，在图像底部进行涂抹，即可使涂抹过的区域变得更加清晰，效果如图7-35所示。

图 7-33　素材图像	图 7-34　模糊图像	图 7-35　锐化图像

7.2.2　使用减淡和加深工具

【减淡工具】 🔍 用于提高图像中色彩的亮度；【加深工具】 ✋ 的作用与【减淡工具】相反，用于降低图像的曝光度。这两个工具的属性栏相似，图7-36所示为【减淡工具】属性栏。

图 7-36　【减淡工具】属性栏

【减淡工具】属性栏中常用选项的作用如下。

- 范围：用于设置提高图像亮度的范围，其下拉列表框中有3个选项：【中间调】表示修改图像中颜色呈灰色显示的区域；【阴影】表示修改图像中颜色较暗的区域；【高光】表示仅对图像中颜色较亮的区域进行修改。
- 曝光度：用于设置使用画笔时的力度。

📎【练习7-3】应用【减淡工具】与【加深工具】

步骤 01　打开"饮料.jpg"素材图像，如图7-37所示。

步骤 02　在工具箱中选择【减淡工具】 🔍，在工具属性栏中设置【范围】为【中间调】，然后在图像中涂抹菠萝和饮料杯图像，使图像变亮，再设置【范围】为【高光】，涂抹树叶的高光区域，效果如图7-38所示。

步骤 03　在工具箱中选择【加深工具】 ✋，在工具属性栏中设置【范围】为【阴影】，涂抹图像的四周，加强图像对比度，效果如图7-39所示。

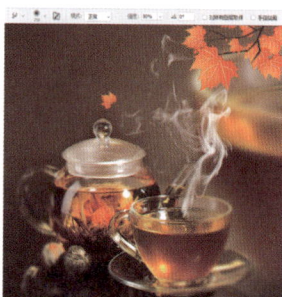

图 7-37　素材图像 　　　　图 7-38　减淡图像 　　　　图 7-39　加深图像

7.2.3　使用涂抹工具

使用【涂抹工具】 可以模拟在湿润的画布上涂抹颜料时产生的图像变形效果，其使用方法与【模糊工具】 相同。

【练习7-4】应用【涂抹工具】

步骤 01　打开"茶.jpg"和"烟雾.psd"素材图像文件，然后使用【移动工具】 将烟雾图像拖动到茶图像中，效果如图7-40所示。

步骤 02　在工具箱中选择【涂抹工具】 ，在工具属性栏中设置模式为【正常】、强度为50%，然后单击烟雾图像并按住鼠标向上拖动，即可得到涂抹变形的图像效果，如图7-41所示。

步骤 03　继续在烟雾图像上进行涂抹，完成图像的涂抹修改，效果如图7-42所示。

图 7-40　素材图像　　　　图 7-41　涂抹烟雾图像　　　　图 7-42　继续涂抹修改图像

提示

在使用【涂抹工具】 时，应注意调整画笔大小。通常画笔越大，涂抹的图像区域越大，但系统运行的时间也越长。

7.2.4　使用海绵工具

使用【海绵工具】 可以精确地调整图像区域的色彩饱和度，产生类似海绵吸水的效果，从而使图像失去光泽感。【海绵工具】 的属性栏如图7-43所示。

图 7-43　【海绵工具】属性栏

【练习7-5】应用【海绵工具】

步骤 01 打开"夏日饮品.jpg"素材图像，选择工具箱中的【海绵工具】 ，在工具属性栏中设置【模式】为【去色】，设置【流量】为60%，如图7-44所示。

步骤 02 使用【海绵工具】 在天空背景中单击并按住鼠标进行涂抹，以降低天空图像的饱和度；接着适当涂抹部分树叶图像，降低其饱和度，效果如图7-45所示。

步骤 03 在工具属性栏中将【模式】修改为【加色】，然后在中间的饮料和水果图像上进行涂抹，以加深其颜色，接着适当涂抹剩余有颜色的树叶，进一步加深其颜色，效果如图7-46所示。

图 7-44　打开素材图像　　　　　图 7-45　降低图像的饱和度　　　　　图 7-46　加深图像的饱和度

7.3　修复图像

Photoshop提供了多种图像修复工具，使用它们可以修复画面中的缺陷、去除多余图像以及对图像进行复制等。常用的图像修复工具包括【修补工具】【污点修复画笔工具】【修复画笔工具】【内容感知移动工具】【红眼工具】等。

7.3.1　使用修补工具

使用【修补工具】 可以修复图像中的缺陷，它是一种非常实用的工具。使用【修补工具】 时需要先建立选区，并在选区内修补图像。该工具通过复制功能对图像进行操作。在工具箱中选择【修补工具】 ，其属性栏如图7-47所示。

图 7-47　【修补工具】属性栏

【修补工具】属性栏中常用选项的作用如下。

- 修补：如果选择【源】选项，修补选区内将显示原始位置的图像；如果选择【目标】选项，修补区域的图像被移动后，将使用选区内的图像进行覆盖。
- 透明：选中该复选框，在混合修补时，应用的图像将使用透明度。
- 使用图案：当图像中建立了选区后，此选项将被激活。在选区中应用图案样式后，可以保留图像原有的质感。

【练习7-6】使用【修补工具】修复图像

步骤 01 打开"海边.jpg"素材图像，效果如图7-48所示。

步骤 02 选择【修补工具】，在其属性栏中选择【源】选项，然后在图像中的乱石区域按住鼠标左键并拖动，绘制一个选区，如图7-49所示。

图 7-48　素材图像

绘制选区

图 7-49　绘制选区

> 💡 **提示**
>
> 　　使用【修补工具】创建选区的操作与【套索工具】相同。此外，还可以通过各种选框工具在图像中创建好选区后，再使用【修补工具】进行图像修复。

步骤 03 将光标置于选区中，按住鼠标左键将选区拖动到附近相似的图像区域，如图7-50所示。

步骤 04 释放鼠标后，修复的图像将与背景图像自然地融合在一起，图像效果如图7-51所示。

拖动选区

图 7-50　拖动选区

图 7-51　修复乱石后的图像效果

步骤 05 继续使用【修补工具】框选另一处乱石区域，按住鼠标左键将选区拖动到附近相似的图像区域进行修复，如图7-52所示。

步骤 06 参照上述操作，继续使用【修补工具】修复其他乱石区域，最终效果如图7-53所示。

图 7-52　修复另一处乱石图像

图 7-53　修复其他乱石图像

7.3.2 使用污点修复画笔工具

使用【污点修复画笔工具】可以去除图像中的污点。它能够取样图像中某一点的像素，并将其覆盖到需要修复的位置。在修复过程中，会将样本像素的纹理、光照、不透明度和阴影与目标像素相匹配，从而产生自然的修复效果。【污点修复画笔工具】无须指定基准点，能够自动从周围区域取样像素。

在工具箱中按住【修补工具】下拉按钮，在弹出的工具列表中选择【污点修复画笔工具】，其属性栏如图7-54所示。

图 7-54 【污点修复画笔工具】属性栏

【污点修复画笔工具】属性栏中常用选项的作用如下。

- 画笔：用于设置画笔的大小和样式等。
- 模式：用于设置绘制后生成图像与底色之间的混合模式。
- 类型：用于设置图像区域修复过程中采用的修复类型。默认情况下选择【内容识别】选项，修复后的图像将与边缘自然融合；选择【创建纹理】选项后，将使用修复区域内的像素创建纹理，并使纹理与周围区域协调一致；选择【近似匹配】选项后，将使用修复区域周围的像素进行修复。
- 对所有图层取样：选中该复选框后，将从所有可见图层中取样数据。

打开一幅素材图像，如图7-55所示。选择【污点修复画笔工具】，在图像中的污点处单击或按住鼠标进行拖动，如图7-56所示，释放鼠标后，即可对图像进行修复，效果如图7-57所示。

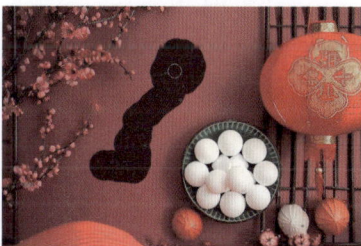

图 7-55 原图像　　　　　　　图 7-56 涂抹图像　　　　　　　图 7-57 修复效果

7.3.3 使用移除工具

【移除工具】可以快速地消除画面中多余的图像，并通过AI功能将消除的区域重新填充为与周围环境匹配的内容。选择【移除工具】，其属性栏如图7-58所示。

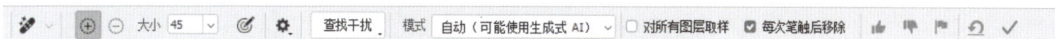

图 7-58 【移除工具】属性栏

【移除工具】属性栏中常用选项的作用如下。

- ⊕ ⊖：用于添加或减少移除区域。
- 大小：用于设置画笔的大小。
- 查找干扰：用于自动检测图像中的人物、电线等干扰元素。

● 模式：在其下拉列表中，可以选择自动模式，或开启/关闭AI生成模式。

【移除工具】 的使用方法与【污点修复画笔工具】 相似。在图像中按住鼠标左键并拖动以绘制移除区域，如图7-59所示；释放鼠标后，移除区域将被修复，效果如图7-60所示。

图 7-59　绘制移除区域

图 7-60　移除人物后的效果

7.3.4　使用修复画笔工具

【修复画笔工具】 的功能与【污点修复画笔工具】 相似，主要用于修复图像中的瑕疵。【修复画笔工具】 可以通过从图像或图形中取样像素来进行绘画，并将样本像素的纹理、光照、不透明度和阴影与修复区域的像素进行匹配，从而使修复后的像素自然地融入图像中。选择【修复画笔工具】 ，其属性栏如图7-61所示。

图 7-61　【修复画笔工具】属性栏

【修复画笔工具】属性栏中常用选项的作用如下。

● 源：该选项用于选择修复图像时使用的对象。选择【取样】选项，可使用当前图像中的像素修复图像，在修复前需要先定位取样点；若选择【图案】选项，则可以在右侧的【图案】下拉列表框中选择图案进行修复。

● 对齐：当选中该复选框后，将以同一基准点对齐，即使多次复制图像，复制出来的图像仍然是同一幅图像；若取消选中该复选框，则每次复制时都会重新以基准点为模板生成相同的图像。

7.3.5　使用内容感知移动工具

使用【内容感知移动工具】 可以创建选区，并通过移动选区将选区中的图像复制到新位置，而原图像区域则会自动与背景图像自然地融合或扩展。选择【内容感知移动工具】 ，其属性栏如图7-62所示。

图 7-62　【内容感知移动工具】属性栏

【内容感知移动工具】属性栏中常用选项的作用如下。

● 模式：其下拉列表中包括【移动】和【扩展】两种模式。选择【移动】模式后，移动选区中的图像时，原图像所在区域将与背景图像自然融合；选择【扩展】模式后，可以复制选区中的图像，从而得到两个相同的图像效果。

● 结构：在右侧文本框中可以设置【结构】的数值，设置不同的数值会使图像效果产生相应的变化。

在工具箱中选择【内容感知移动工具】 ，设置【模式】为【移动】，然后在图像中绘制选区，再将选区内的图像移动到指定位置。此时，Photoshop会自动将移动后的图像与周围的图像自然融合，同时原图像区域会进行智能填充，如图7-63～图7-65所示。如果设置【模式】为【扩展】，将复制选区中的图像，从而得到两个相同的图像效果，如图7-66所示。

图 7-63　原图　　　图 7-64　移动图像　　　图 7-65　【移动】模式效果　　　图 7-66　【扩展】模式效果

7.3.6　使用红眼工具

使用【红眼工具】 可以消除因闪光灯拍摄而产生的人物照片中的红眼效果，也可以移除动物照片中的白色或绿色反光。需要注意的是，该工具对【位图】【索引颜色】以及【多通道】颜色模式的图像无效。

【练习7-7】使用【红眼工具】消除人物红眼

步骤 01　打开"可爱婴儿.jpg"素材图像，如图7-67所示。

步骤 02　在工具箱中选择【红眼工具】 ，在其属性栏中设置【瞳孔大小】和【变暗量】均为50%，如图7-68所示。

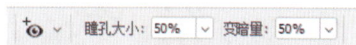

图 7-67　素材图像　　　　　图 7-68　【红眼工具】属性栏

● 瞳孔大小：用于设置瞳孔(眼睛暗色的中心)的大小。
● 变暗量：用于设置瞳孔的暗度。

步骤 03 使用【红眼工具】 🔹 绘制一个选区将红眼区域选中，如图7-69所示。释放鼠标后，即可得到修复红眼后的效果。然后使用同样的方法修复另一只红眼，效果如图7-70所示。

图 7-69　框选红眼图像

图 7-70　修复红眼后的效果

7.4　复制图像

通过图章工具组中的工具，可以使用颜色或图案填充图像或选区，从而实现对图像的复制或替换。该工具组包括【仿制图章工具】 🔹 和【图案图章工具】 🔹 两种工具。

7.4.1　使用仿制图章工具

使用【仿制图章工具】 🔹 可以从图像中取样，然后将取样的图像复制到同一图像的其他部分或其他图像中。在工具箱中选择【仿制图章工具】 🔹 后，在属性栏中可以设置图章的画笔大小、不透明度、模式和流量等参数，如图7-71所示。

图 7-71　【仿制图章工具】属性栏

🏵 【练习7-8】使用【仿制图章工具】复制图像

步骤 01 打开"手.jpg"素材图像。选择【仿制图章工具】 🔹 ，将光标移到手的图像区域，按住Alt键，当光标变成 ⊕ 形状时，单击鼠标进行图像取样，如图7-72所示，然后释放Alt键。

步骤 02 新建一个图层，将光标移动到图像上方并单击，即可复制取样的图像，如图7-73所示。

图 7-72　取样图像

图 7-73　通过单击复制图像

步骤 03 单击并按住鼠标进行拖动，可以复制取样图像及周边的图像，效果如图7-74所示。

步骤 04 选择【编辑】|【变换】|【垂直翻转】命令，对复制的对象进行翻转，然后按Ctrl+T组合键适当缩小图像，并调整图像的位置，如图7-75所示。

步骤 05 打开"彩色童年.psd"素材文件，使用【移动工具】 将文字图像拖曳到当前编辑的图像中，完成图像的制作，效果如图7-76所示。

图 7-74　通过涂抹复制图像　　　图 7-75　翻转并缩小图像　　　图 7-76　添加素材图像

> **提示**
>
> 使用【仿制图章工具】 和【修复画笔工具】 时，按住 Alt 键在图像中单击取样后，将光标移动到目标位置，按住鼠标进行涂抹。此时，画面中会出现两个指针：一个圆形指针和一个十字形指针。圆形指针表示当前正在涂抹的区域，而该区域的内容是从十字指针所在位置的图像上复制的。在操作过程中，两个指针始终保持相同的相对距离。通过观察十字形指针位置的图像，可以清楚地了解将要涂抹的图像内容。

7.4.2　使用图案图章工具

使用【图案图章工具】 可以将 Photoshop 提供的预设图案或自定义图案复制到图像中。【图案图章工具】属性栏如图7-77所示。

图 7-77　【图案图章工具】属性栏

在工具属性栏中选中【印象派效果】复选框时，复制的图案具有印象派绘画的抽象效果。图7-78所示为选中【印象派效果】复选框时的效果，图7-79所示为取消选中【印象派效果】复选框时的效果。

图 7-78　印象派效果　　　　　　　图 7-79　普通效果

除可以使用 Photoshop 中预设的图案样式外，还可以自定义图案。具体操作方法是：选择【编辑】|【定义图案】命令，打开【图案名称】对话框，如图7-80所示，在【名称】文本框中

输入图案名称，然后单击【确定】按钮，即可完成图案的自定义。自定义的图案会显示在【图案图章工具】属性栏的图案列表框中，如图7-81所示。

图 7-80　定义图案

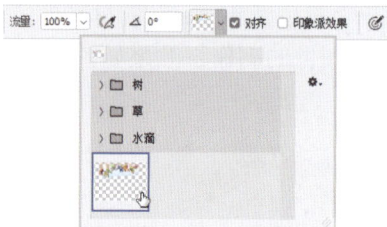

图 7-81　自定义的图案

7.4.3　应用【仿制源】面板

　　【仿制源】面板通常与【仿制图章工具】 或【修复画笔工具】 配合使用，允许定义多达5个采样点。通过【仿制源】面板，可以进行重叠预览、查看具体的采样坐标，并对仿制源进行移位、缩放、旋转及混合等编辑操作。

　　【练习7-9】使用【仿制源】面板复制图像

步骤 01 打开"花朵.jpg"和"咖啡.jpg"素材图像，效果分别如图7-82和图7-83所示。

图 7-82　花朵图像

图 7-83　咖啡图像

步骤 02 选择【窗口】|【仿制源】命令，打开【仿制源】面板。接着选择【仿制图章工具】 ，按住Alt键，并在花朵图像中单击红色花瓣，定义取样点，如图7-84所示。此时，【仿制源】面板中会显示取样点所属文档的名称，如图7-85所示。

图 7-84　取样图像

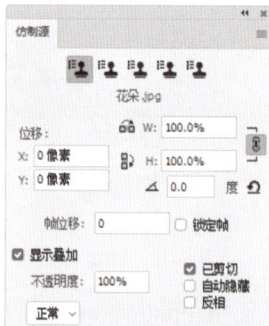

图 7-85　【仿制源】面板

步骤 03 在【仿制源】面板中单击未使用的按钮 🖎，如图7-86所示，然后按住Alt键，在咖啡图像中单击咖啡图像，进行第二次取样，如图7-87所示。

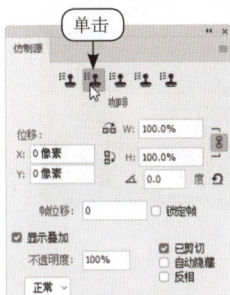

图 7-86　再次取样

图 7-87　单击图像

步骤 04 设置好两个采样点后，下面对图像进行复制操作。在【仿制源】面板中选择第一个采样点，然后切换到咖啡图像中单击鼠标，即可将花朵图像复制到咖啡图像中，如图7-88所示。

步骤 05 按Ctrl+Z组合键撤销上一步操作。在【仿制源】面板中选择第二个采样点，然后切换到花朵图像中单击鼠标，即可将咖啡杯中的图像复制到花朵图像中，如图7-89所示。

图 7-88　复制花朵图像

图 7-89　复制咖啡图像

7.5　课堂案例

本节将通过制作餐饮店海报和插画图像两个案例，练习本章所学的图像绘制与修饰操作。具体内容包括：使用【铅笔工具】【修补工具】和【污点修复画笔工具】等进行图像的绘制与修复，以及使用【加深工具】【画笔工具】和【仿制图章工具】等进行图像复制与修饰操作。

7.5.1　制作餐饮店海报

本案例将制作餐饮店的下午茶海报，主要练习【修补工具】【污点修复画笔工具】和【铅笔工具】的使用。本例的最终效果如图7-90所示。

图 7-90　餐饮店海报图像

本案例的具体操作步骤如下。

步骤 01　选择【文件】|【打开】命令，打开"食物.jpg"素材图像，如图7-91所示。在本例中，需要修复图像中的杂点，以及消除散落的水果图像。

步骤 02　首先修复图像右下方的杂点。选择【修补工具】▭，在属性栏中选择【源】选项，在图像右下方按住鼠标进行拖动，选中杂点区域，如图7-92所示。

图 7-91　素材图像

图 7-92　创建修补选区

步骤 03　在选区内按住鼠标并向上方拖动，将背景图像复制到选区内，如图7-93所示，然后按Ctrl+D组合键取消选区，得到修复效果。

步骤 04　下面来消除图像中多余的水果图像。选择【污点修复画笔工具】▱，在画面右侧蓝莓图像区域按住鼠标并拖动，如图7-94所示，释放鼠标后，图像即可与周围背景自然融合，得到修复效果，如图7-95所示。

图 7-93　拖动选区修复图像

图 7-94　涂抹水果图像

图 7-95　修复图像后的效果

步骤 05 使用同样的方法，涂抹上方的蓝莓图像进行修复，效果如图7-96所示。

步骤 06 通过观察可以发现，画面下方的蓝莓图像背景较为复杂，因此需要采用另一种修复方式。选择【修复画笔工具】 ，按住Alt键并单击右侧下方的背景图像进行取样，如图7-97所示。

图 7-96　重复操作　　　　　　　　　图 7-97　取样图像

步骤 07 完成取样后，对蓝莓图像进行涂抹，将背景图像覆盖在蓝莓图像上，效果如图7-98所示。

步骤 08 继续使用【修复画笔工具】 对剩余的两个蓝莓图像进行修复，效果如图7-99所示。

图 7-98　修复图像　　　　　　　　　图 7-99　继续修复图像

步骤 09 打开"下午茶.psd"素材图像，使用【移动工具】 将文字图像拖动到当前编辑的图像中，放在画面右侧，效果如图7-100所示。

图 7-100　添加素材图像

步骤 10 选择【铅笔工具】，在属性栏中打开【画笔选项】面板，设置【大小】为6像素，如图7-101所示。

步骤 11 设置前景色为黄色(R241,G150,B1)，在文字左下方单击，再按住鼠标拖动光标到另一侧，接着再次单击，即可绘制一条斜线，效果如图7-102所示。

步骤 12 使用相同的方法绘制其他的黄色线条，效果如图7-103所示。

步骤 13 选择【椭圆工具】，在属性栏中选择【形状】模式，设置轮廓为白色、填充为【无颜色】，描边大小为5像素，在图像中绘制几个圆，效果如图7-104所示。

步骤 14 选择【横排文字工具】，在图像下方输入文字"悠闲夏日 放松一刻"，选择一种合适的字体，填充颜色为黄色，如图7-105所示。

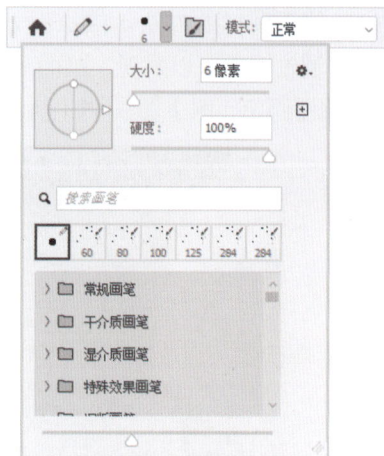

图 7-101　设置铅笔大小

图 7-102　绘制斜线

图 7-103　绘制其他线条

图 7-104　绘制圆

图 7-105　输入下方文字

步骤 15 打开"树叶和水果.psd"素材图像，使用【移动工具】将其中的图像拖动过来，放到图像下方，排列成如图7-106所示的效果。

步骤 16 使用【钢笔工具】绘制标签图形，将其填充为黄色。然后在标签图形中输入价格文字，填充为白色，排列成如图7-107所示的效果，完成本案例的制作。

图 7-106　添加素材图像

图 7-107　输入价格文字

7.5.2　制作插画图像

本案例制作精灵世界插画，主要练习【加深工具】【画笔工具】和【仿制图章工具】的具体应用。本例的最终效果如图7-108所示。

本案例的具体操作步骤如下。

步骤 01 新建一个宽度为15厘米、高度为22厘米、【分辨率】为150的图像文件，然后填充背景为墨绿色(R13,G34,B42)，效果如图7-109所示。

步骤 02 选择【加深工具】，在属性栏中设置画笔大小为500像素，在图像左上方和右下方进行涂抹，加深这两个部分的图像颜色，效果如图7-110所示。

图 7-108　插画图像效果

图 7-109　填充背景

图 7-110　加深图像

步骤 03 打开"点缀.psd"素材图像，使用【移动工具】 ⊕ 将点缀图像拖动到当前编辑的图像中，适当调整图像大小，并放到画面中间，如图7-111所示。

步骤 04 设置前景色为蓝色(R59,G228,B239)、背景色为黄色(R 249,G255,B90)。选择【画笔工具】 ✎ ，按F5键打开【画笔设置】面板，设置画笔样式为【柔角30】，再设置其他参数，如图7-112所示。

图 7-111　添加素材图像

图 7-112　设置笔尖形状

步骤 05 在【画笔设置】面板左侧选择【形状动态】选项，设置【大小抖动】为84％，如图7-113所示。

步骤 06 在【画笔设置】面板左侧选择【散布】选项，然后在右侧参数设置中选中【两轴】复选框，设置值为1000％，如图7-114所示。

图 7-113　设置形状动态

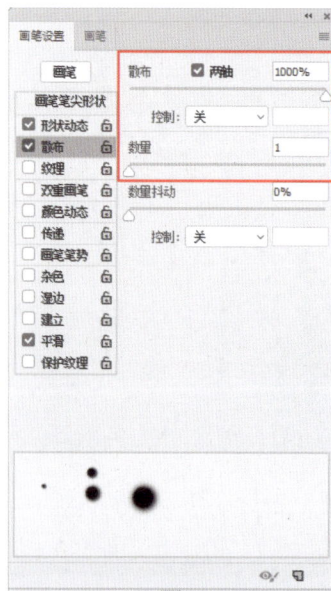

图 7-114　设置散布

步骤 07 在【画笔设置】面板左侧选择【颜色动态】选项，然后设置参数如图7-115所示。

步骤 08 新建一个图层，在图像中间绘制彩色圆点图像，效果如图7-116所示。

图 7-115　设置颜色动态

图 7-116　绘制彩色圆点

步骤 09 打开"彩色.psd"素材图像，使用【移动工具】将彩色图像拖动到当前编辑的图像中，放在画面左上方，如图7-117所示。

步骤 10 选择【加深工具】，在属性栏中设置画笔大小为400像素，【曝光度】为80，然后在画面左上方进行涂抹，加深图像颜色，如图7-118所示。

图 7-117　添加素材图像

图 7-118　加深图像颜色

步骤 11 缩小画笔尺寸，在属性栏中设置【曝光度】为100，再使用【画笔工具】在图像左上方中绘制一个深色区域，如图7-119所示。

步骤 12 打开"半截瓶子.psd"素材图像，使用【移动工具】➕将半截瓶子图像拖动到当前编辑的图像中，适当调整图像大小，并放在画面左上方，如图7-120所示。

图 7-119　绘制深色区域

图 7-120　添加半截瓶子图像

步骤 13 打开"漂流瓶.psd"素材图像，将漂流瓶图像拖动到当前编辑的图像中，适当调整图像的大小，并放在画面中间，如图7-121所示。

步骤 14 选择【仿制图章工具】▲，按住Alt键单击漂流瓶图像进行取样。新建一个图层，在画面右下方按住鼠标进行拖动，将取样图像复制到新建的图层中，如图7-122所示。

图 7-121　添加漂流瓶图像

图 7-122　复制图像

步骤 15 按Ctrl+T组合键，适当缩小复制的漂流瓶，放在画面左下方，如图7-123所示。

步骤 16 新建一个图层，设置前景色为黑色，选择【画笔工具】✎，在大的漂流瓶下方绘制阴影图像，然后将阴影图层放到漂流瓶图层下方，效果如图7-124所示。

图 7-123 缩小对象

图 7-124 绘制阴影

步骤 17 打开"蝴蝶.psd"素材图像,将蝴蝶图像拖动到当前编辑的图像中,如图7-125所示。

步骤 18 选择【仿制图章工具】 ,按住Alt键单击蝴蝶图像进行取样。新建一个图层,在图像右上方进行涂抹,将取样图像复制到新建的图层中,如图7-126所示。

图 7-125 添加蝴蝶素材图像

图 7-126 复制蝴蝶图像

步骤 19 按Ctrl+T组合键,适当放大复制的蝴蝶图像,然后将其移动到画面右上方,效果如图7-127所示。

步骤 20 打开"海星.psd""小孩.psd"素材图像,分别将其拖动到当前编辑的图像中,并适当调整图像的位置,效果如图7-128所示。

图 7-127　调整复制的蝴蝶图像

图 7-128　添加素材图像

步骤 21 选择【横排文字工具】 **T.**，在图像底部输入文字，并对其进行渐变色填充，完成本例的制作，效果如图7-129所示。

图 7-129　添加文字

第8章 文字设计与排版

在平面设计中，文字不仅是信息的载体，更是视觉表达的重要元素。通过巧妙的文字设计与排版，可以极大地增强画面的表现力与主题传达效果。本章将学习Photoshop中文字的创建方法、属性编辑以及排版技巧，帮助用户掌握如何通过文字提升设计的整体质感与视觉效果。

8.1 创建文字

Photoshop提供了4种文字工具，分别是【横排文字工具】【直排文字工具】【横排文字蒙版工具】和【直排文字蒙版工具】。这些工具能够满足用户不同的排版需求，帮助用户灵活创建文字内容。

8.1.1 创建美术文本

在Photoshop中，美术文本是指在图像中单击鼠标后直接输入的文字。使用【横排文字工具】 T.和【直排文字工具】 IT.可以输入美术文本。【横排文字工具】 T.和【直排文字工具】 IT.的使用方法相同，只是排列方式有所区别。前者为水平排列，后者为垂直排列，用户可以根据设计需求选择合适的工具，实现多样化的文字排版效果。

选择【横排文字工具】 T.，将光标移至图像中并单击，单击位置将出现一个闪烁的光标，如图8-1所示，此时可直接输入文字内容。文字输入完成后，选择其他任意工具，或单击工具属性栏中的【提交】按钮 ✓，即可完成输入，如图8-2所示。此时，在【图层】面板中将自动生成一个文字图层，如图8-3所示。

图 8-1 指定输入位置 　　　　图 8-2 输入文字 　　　　图 8-3 生成文字图层

💡 **提示**

输入文字后，也可以按小键盘中的 Enter 键进行确认；如果按大键盘中的 Enter 键，则会执行换行操作。在默认状态下，系统会根据前景色自动设置文字颜色。用户可以在输入文字前先设置好前景色，也可以在输入文字后，通过属性栏修改文字颜色。

在工具箱中选择【横排文字工具】 T. ，其属性栏如图8-4所示。

| T ⌄ | ↕T | Adobe 黑体 Std ⌄ | - ⌄ | ↕T 27点 ⌄ | ªª 平滑 ⌄ | ▤ ▤ ▤ | ■ | 工 | ▤ | ⊘ | ✓ |

图 8-4　【横排文字工具】属性栏

【横排文字工具】属性栏中常用选项的作用如下。

- 切换文本取向 ↕ ：用于在水平排列文字和垂直排列文字之间进行切换。
- 设置字体 Adobe 黑体 Std ：在该下拉列表框中可以选择字体。
- 设置字体大小 ↕T 27点 ：用于设置文字的大小。数值越大，文字越大。
- 设置消除锯齿方式 ªª 平滑 ：在其下拉列表框中可以选择消除锯齿的方式。
- 设置对齐方式 ▤ ▤ ▤ ：用于设置多行文本的对齐方式。其中，▤ 按钮为左对齐；▤ 按钮为居中对齐；▤ 按钮为右对齐。
- 设置文本颜色 ■ ：单击该按钮，可以在打开的【拾色器(文本颜色)】对话框中设置文字的颜色。
- 创建变形文字 工 ：单击该按钮，可以在打开的【变形文字】对话框中设置变形文字的样式和扭曲程度。
- 切换字符和段落面板 ▤ ：单击该按钮，可以在打开的【字符/段落】面板中设置文字字符效果或段落效果。

8.1.2　创建段落文本

段落文本的最大特点是可以通过创建段落文本框，使文字根据外框尺寸自动换行，其操作方式与常见的排版软件(如 Word、PageMaker 等)类似。

选择【横排文字工具】 T. ，将光标移至图像中并按住鼠标进行拖动，即可创建一个段落文本框，如图8-5所示。在段落文本框内输入文字时，当文字到达文本框边缘时会自动换行，如图8-6所示。如果需要将横排段落文字转换为直排段落文字，可以单击工具属性栏中的【切换文本取向】按钮 ↕ ，或者直接使用【直排文字工具】 ↕T. 在图像编辑区域内按住鼠标并拖动，创建文字输入框，再输入文字。

图 8-5　绘制文本框

图 8-6　输入文字

💡 **提示**

　　创建好段落文字后，按住 Ctrl 键并拖动段落文本框的任意控制点，可以在调整段落文本框大小的同时缩放文字。

8.1.3　沿路径创建文字

在Photoshop 中输入文本时，可以沿着创建的路径输入文字，使文字产生特殊的排列效果。

【练习8-1】创建路径文字

步骤 01　使用【钢笔工具】 在图像下方绘制一条曲线路径，如图8-7所示。

步骤 02　选择【横排文字工具】 ，将光标移动到路径上，当光标变成 形状时单击鼠标，即可在路径上插入光标，如图8-8所示。

步骤 03　直接输入文字，文字将沿着路径排列，默认状态下与基线垂直对齐，效果如图8-9所示。

图 8-7　绘制曲线路径　　　　图 8-8　在路径上插入光标　　　　图 8-9　输入文字

> **提示**
>
> 在封闭的形状图形中输入文字时，文字会自动根据图形进行排列，形成段落文字。

8.1.4　创建文字选区

在Photoshop中，可以使用【横排文字蒙版工具】 和【直排文字蒙版工具】 创建文字选区，这种功能在广告设计方面应用较多。

在工具箱中选择一种文字蒙版工具，在图像中单击，即可进入蒙版状态，然后输入文字内容，如图8-10所示。输入文字后，单击属性栏中的【提交】按钮 ，即可完成蒙版文字的创建，形成文字选区，如图8-11所示。

图 8-10　进入蒙版状态　　　　　　图 8-11　文字选区

> **提示**
>
> 使用【横排文字蒙版工具】 和【直排文字蒙版工具】 创建的文字选区，可以对其进行颜色填充，但此时的文字不具有文字属性，无法再修改字体样式，只能像编辑图像一样进行处理。

8.2 编辑文字

本节将详细介绍文字的编辑方式。用户在图像中输入文字后，可以通过【字符】或【段落】面板设置文字属性，包括调整文字的颜色、大小、字体和段落效果等。

8.2.1 选择文字

要对文字进行编辑，首先需要选中该文字所在的图层，然后选取需要设置的文字内容。选取文字时，先选择【横排文字工具】 T，然后将光标移动到要选择的文字的开始处，如图8-12所示，当光标变成 I 形状时，单击并拖动鼠标，在需要选取文字的结尾处释放鼠标，被选中的文字将以补色显示，如图8-13所示。

图 8-12 将光标定位在文字开始处

图 8-13 选择文字

8.2.2 设置字符属性

字符属性可以直接在文字工具属性栏中设置，也可以打开【字符】面板进行调整。在【字符】面板中，不仅可以设置文字的字体、字号、样式和颜色，还可以调整字符间距、垂直缩放、水平缩放，以及设置加粗、下画线、上标等效果。

选择【窗口】|【字符】菜单命令，即可打开【字符】面板，如图8-14所示。

【字符】面板中常用选项的作用如下。

- 设置字体 方正中等线简体 ：在下拉列表中可以选择所需字体。
- 设置字体大小 T 85 点 ：用于设置文字的大小，数值越大，文字越大。
- 设置文本行距 (自动) ：用于设置文本的行间距，数值越大，行间距越大。如果数值过小，文本行与行之间可能会重叠。在应用该选项前，需要选择两行以上的文本。
- 设置文本间距 VA 100 ：用于设置字符之间的距离，数值越大，文本间距越大。选择部分字符后，可以调整所选的字符间距，如图8-15所示；如果没有选择字符，将调整所有文字的字间距，如图8-16所示。
- 垂直缩放 IT 100% ：用于设置文本在垂直方向上的缩放比例。
- 水平缩放 I 96% ：用于设置文本在水平方向上的缩放比例。

图 8-14 【字符】面板

图 8-15　调整部分文字间距

图 8-16　调整所有文字间距

- 设置文字颜色：单击该选项后面的色块，可以在打开的【拾色器(文本颜色)】对话框中设置文字的颜色。
- 设置字形：用于对文字的字形进行设置。分别为：仿粗体、仿斜体、全部大写字母、小型大写字母、上标、下标、添加下画线以及添加删除线。

8.2.3　设置段落属性

在Photoshop中除可以设置文字的字体、字号、颜色等基本属性外，还可以在【段落】面板中对段落文本的对齐和缩进方式进行设置。选择【窗口】|【段落】命令，可以打开【段落】面板，如图8-17所示。

【段落】面板中常用选项的作用如下。

图 8-17　【字符】面板

- 对齐方式：用于设置文本的对齐方式。按钮表示左对齐文本；按钮表示居中对齐文本；按钮表示右对齐文本；按钮表示左对齐文本的最后一行；按钮表示居中对齐文本的最后一行；按钮表示右对齐文本的最后一行，按钮表示强制对齐文字两端。图8-18所示为常见的几种文本对齐效果。

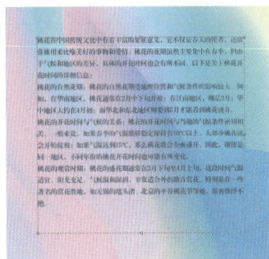
左对齐

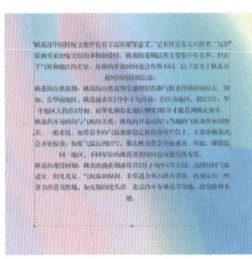
居中对齐

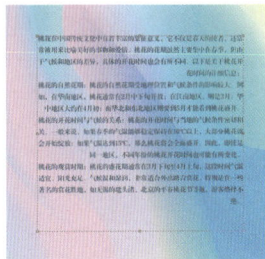
右对齐

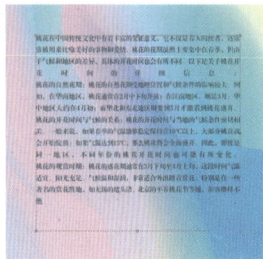
强制对齐

图 8-18　常见文本对齐效果

- 左缩进：用于设置段落文字从左边向右缩进的距离。对于直排文字，该选项用于控制文本从段落顶端向底部缩进。图8-19所示为左缩进30点的效果。
- 右缩进：用于设置段落文字从右边向左缩进的距离。对于直排文字，该选项用于控制文本从段落底部向顶端缩进。图8-20所示为右缩进30点的效果。

- 首行缩进 ![图标]0点：用于设置文本首行缩进的距离，效果如图8-21所示。

图 8-19　左缩进

图 8-20　右缩进

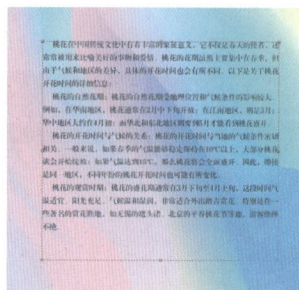

图 8-21　首行缩进

- 段前添加空格 ![图标]0点：用于设置当前段与上一段之间的距离，将光标插入第二段文字中，设置段前添加空格为25点，得到的效果如图8-22所示。
- 段后添加空格 ![图标]0点：用于设置当前段与下一段之间的距离。
- 项目符号 ![图标]：对选择的段落文本添加圆点项目符号，如图8-23所示。
- 编号 ![图标]：对选择的段落文本添加数字编号，如图8-24所示。

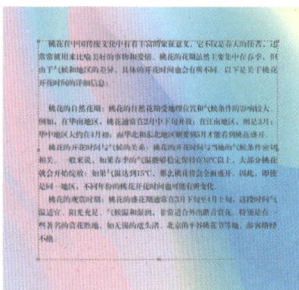

图 8-22　段前添加空格

图 8-23　添加项目符号

图 8-24　添加编号

8.2.4　编辑变形文字

利用文字工具属性栏中的【创建文字变形】功能可以创建艺术字效果。完成文字的创建后，在工具属性栏中单击【创建文字变形】按钮 ![图标]，或选择【文字】|【文字变形】命令，打开【变形文字】对话框，在该对话框中可以对文字的变形效果进行编辑，如图8-25所示。图8-26所示为贝壳样式变形效果。

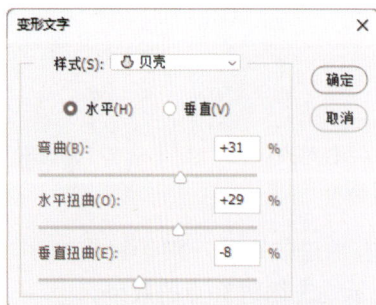

图 8-25　【变形文字】对话框

图 8-26　变形文字效果

【变形文字】对话框中常用选项的作用如下。

- 样式：在【样式】下拉列表中提供了多种变形样式，包括【贝壳】【扇形】【鱼形】
【膨胀】等15种变形样式。
- 水平/垂直：用于设置文本是沿水平方向还是垂直方向进行变形，系统默认为沿水平方向。
- 弯曲：用于设置文本弯曲的程度，为0时表示没有任何弯曲。
- 水平扭曲：用于设置文本在水平方向上的扭曲程度。
- 垂直扭曲：用于设置文本在垂直方向上的扭曲程度。

8.2.5　将文字转换为路径或形状

创建好文字后，可以将文字转换为路径或形状。将文字转换为路径后，可以像编辑其他路径一样对其进行存储和编辑，同时原文字图层保持不变。

【练习8-2】转换文字为路径或形状

步骤 01 打开"海螺.jpg"素材图像，在其中输入文字内容，效果如图8-27所示。

步骤 02 选择【文字】|【创建工作路径】命令，即可得到文字路径(为了便于观察路径效果，这里已将文字图层隐藏)，如图8-28所示。

图 8-27　输入文字

图 8-28　创建路径

步骤 03 切换到【路径】面板中，可以看到创建的工作路径，如图8-29所示。使用【直接选择工具】 可以对转换后的路径进行调整，如图8-30所示。

图 8-29　【路径】面板

图 8-30　调整路径

步骤 04 显示并选择文字图层，然后选择【文字】|【转换为形状】命令，在【图层】面板中将显示文字图层转换为形状图层的效果，如图8-31所示。

步骤 05 使用【直接选择工具】 对文字中的节点进行调整，可以修改文字的形状，效果如图8-32所示。

图 8-31　文字转换为形状

图 8-32　改变文字的形状

8.2.6　栅格化文字

在图像中创建文字后，无法直接对文字进行绘图和滤镜等操作，只有将其栅格化处理后，才能对其进行进一步编辑。

在【图层】面板中选择文字图层，如图8-33所示，然后选择【文字】|【栅格化文字图层】命令，即可将文字图层转换为普通图层。栅格化文字后，即可对文字进行绘图和滤镜等操作，同时图层缩览图也会发生变化，如图8-34所示。

图 8-33　选择文字图层

图 8-34　栅格化效果

💡 **提示**

当一幅图像文件中有多个文字图层时，通过合并多个文字图层或将文字图层与其他图像图层合并的方式，也可以将文字栅格化。

8.3　课堂案例

本节将通过制作新品发布会海报和公司招聘广告两个案例，练习本章所学的文字设计与排版操作。具体内容包括：美术文本与段落文本的创建、字符属性设置、段落设置等。

8.3.1　制作新品发布会海报

本案例将制作新品发布会海报，首先在海报中输入文字，然后在【字符】面板中对文字的字体、字号、间距和行距等参数进行设置。本例的最终效果如图8-35所示。

本案例的具体操作步骤如下。

步骤 01 打开"发布会背景.jpg"素材图像，如图8-36所示，下面将在图像中创建文字内容。

图 8-35　案例效果　　　　　　　　　　图 8-36　打开素材图像

步骤 02 设置前景色为白色，然后选择【横排文字工具】 T.，在图像中"3"的右下方单击定位光标，如图8-37所示，然后输入文字"天"，并在属性栏中设置字体为方正品尚准黑简体，效果如图8-38所示。

定位光标

图 8-37　插入光标　　　　　　　　　　图 8-38　输入文字

步骤 03 在图像中"3"的下方再输入一行文字，在属性栏中设置字体为【方正博雅刊宋】、字体大小为32点，效果如图8-39所示。

步骤 04 通过单击并按住鼠标进行拖动的方式，选择文字"美"，如图8-40所示。

步骤 05 选择【窗口】|【字符】面板，打开【字符】面板，设置字符大小为51点、字符间距为50、基线偏移为-4.2点，再单击【仿斜体】按钮 T，如图8-41所示。

步骤 06 选择文字"耀"，使用同样的方式将其修改为仿斜体，并调整文字大小等，然后按小键盘中的Enter键，完成文字编辑，效果如图8-42所示。

步骤 07 在中文字下方输入一行英文字，设置字体为Futura Bk BT，并填充为白色，效果如图8-43所示。

图 8-39　创建文字

图 8-40　选择文字"美"

图 8-41　设置文字属性

图 8-42　调整文字

图 8-43　输入英文字

步骤 08 在英文字下方输入一行中文字，设置字体为【方正正纤黑简体】，字形为【仿斜体】 *I*，并适当调整文字大小，如图8-44所示，文字效果如图8-45所示。

步骤 09 在画面底部输入一行中文字，然后适当调整文字大小，效果如图8-46所示。

图 8-44　设置文字属性

图 8-45　文字效果

图 8-46　创建底部文字

步骤 10 在图像上方输入发布会的相关文字，设置字体为【方正粗雅宋长简体】，字形为【仿斜体】 $\boxed{I}$ ，并适当调整文字大小，效果如图8-47所示。

步骤 11 在图像左上方输入企业名称文字，然后使用【钢笔工具】 $\boxed{\varnothing}$ 绘制三段线条进行装饰，填充文字和线条为白色，效果如图8-48所示，完成本例的制作。

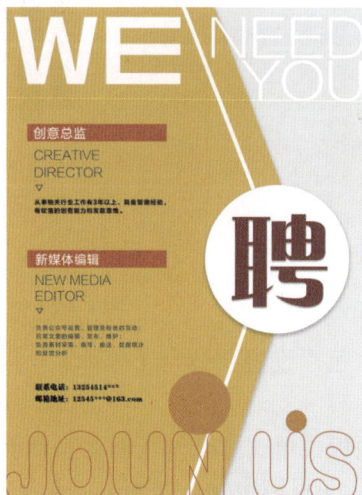

图 8-47　输入上方文字　　　　　　　图 8-48　创建名称文字和线条

8.3.2　制作公司招聘广告

本例将制作公司招聘广告，重点练习在图像中创建文字，并运用文字的排列功能进行版式设计。本例的最终效果如图8-49所示。

本例的具体操作步骤如下。

步骤 01 新建一个宽度为60厘米、高度为80厘米的图像文件，然后设置前景色为浅灰色，并按Alt＋Delete组合键对图像背景进行填充。

步骤 02 新建一个图层。然后使用【多边形套索工具】 $\boxed{\bowtie}$ 绘制一个多边形选区，并将其填充为橘黄色(R244,G198,B45)，效果如图8-50所示。

图 8-49　案例效果　　　　　　　　　　图 8-50　绘制图形

步骤 03 选择【图层】|【图层样式】|【投影】命令，打开【图层样式】对话框，设置投影为黑色，其他参数设置如图8-51所示，然后单击【确定】按钮，得到投影效果，如图8-52所示。

图 8-51　设置投影参数　　　　　　　　　　　图 8-52　投影效果

步骤 04 新建两个图层，使用【多边形套索工具】和【椭圆选框工具】分别在不同的图层中绘制线条选区和圆形选区，然后填充为白色，效果如图8-53所示。

步骤 05 选择圆形所在的图层，然后为该图层添加投影，效果如图8-54所示。

步骤 06 选择【横排文字工具】，在圆形中输入文字"聘"，设置字体为【方正粗倩简体】、颜色为深红色(R157,G67,B36)，然后适当调整文字大小，效果如图8-55所示。

图 8-53　绘制圆和线条　　　　　图 8-54　添加投影　　　　　图 8-55　创建文字

步骤 07 在画面上方输入两组英文字，将其填充为白色，设置字体为【黑体】，并设置为不同粗细的字形，效果如图8-56所示。

步骤 08 在画面下方输入一行英文字，在【字符】面板中单击【全部大写】按钮，将该行全部文字转换为大写字母，然后设置文字字体、大小、间距等参数，如图8-57所示，文字效果如图8-58所示。

图 8-56　创建英文字

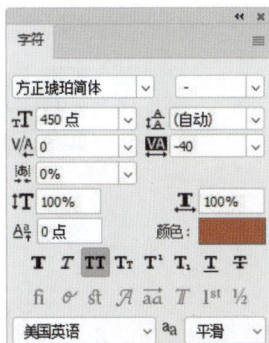
图 8-57　设置字符属性

图 8-58　创建下方文字

步骤 09 在【图层】面板中设置下方文字图层的填充为0，然后为其添加【描边】图层样式，设置描边颜色为橘红色(R213,G100,B27)，效果如图8-59所示。

步骤 10 使用【矩形选框工具】□□绘制两个矩形选区，填充为橘红色(R213,G100,B27)，然后分别在其中输入文字，设置字体为【黑体】，填充为白色，效果如图8-60所示。

步骤 11 在第一项职位下方输入英文字，并在属性栏中设置字体为【方正兰亭纤黑】，填充为灰黄色(R170,G140,B117)，效果如图8-61所示。

图 8-59　描边文字

图 8-60　创建矩形和文字

图 8-61　输入英文字

步骤 12 选择【横排文字工具】 T，在图像中按住鼠标并拖动，绘制一个文本框，然后在其中输入职位要求的段落文字，并排列为如图8-62所示的效果。

步骤 13 继续在第二个职位下方输入英文字和段落文字，如图8-63所示。

步骤 14 参照如图8-64所示的效果，在图像下方输入地址、电话等信息文字，然后绘制两个三角形和两个圆形作为点缀，将圆形填充为土红色(R223,G146,B20)，完成本案例的制作。

图 8-62　创建段落文字　　　　　图 8-63　继续输入文字　　　　　图 8-64　完成效果

第9章 通道与蒙版

在图像处理中，Photoshop的通道与蒙版显示了强大的图像编辑与合成能力。通道不仅是存储颜色信息的载体，更是选区与蒙版的基础，通过通道的精细操作，可以实现对图像局部区域的精准控制。而蒙版则如同一位隐形的画师，以非破坏性的方式隐藏或显示图像的特定部分，让创意得以自由挥洒。本章将学习通道与蒙版的应用，帮助用户掌握这一图像处理的利器，开启创意设计的新篇章。

9.1 通道概述

通道是存储不同类型信息的灰度图像，这些信息通常与选区有直接的关系，因此对通道的应用实质就是对选区的应用。图像通常由多个通道组成，它们以透明图层的形式叠加在一起，最终呈现出完整的画面。

9.1.1 通道分类

通道主要有两种作用：一种是保存和调整图像的颜色信息；另一种是保存选定的范围。在Photoshop中，通道包括颜色通道、Alpha通道和专色通道3种类型。下面将分别进行介绍。

1. 颜色通道

颜色通道主要用于描述图像的色彩信息。当用户打开一个图像文件后，系统会自动在【通道】面板中创建相应的颜色通道。不同的颜色模式会产生不同数量和名称的通道。常见颜色模式的通道如下。

- RGB图像包括复合通道、红通道、绿通道和蓝通道，如图9-1所示。
- CMYK图像包括复合通道、青色通道、洋红通道、黄色通道和黑色通道，如图9-2所示。
- Lab图像包括复合通道、明度通道、a通道和b通道，如图9-3所示。

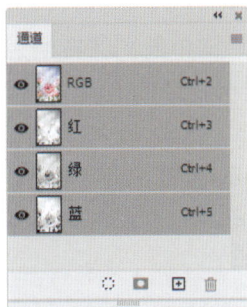

图 9-1 RGB 通道

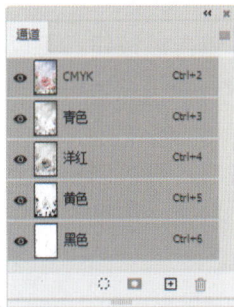

图 9-2 CMYK 通道

图 9-3 Lab 通道

此外，位图、灰度、双色调和索引颜色模式的图像都只有一个通道。

2. Alpha通道

Alpha通道用于存储图像选区的蒙版。它将选区存储为8位灰度图像并放入【通道】面板中，主要用于处理、隔离和保护图像的特定部分，因此它不能存储图像的颜色信息。

在Alpha通道中，白色代表可编辑区域，黑色代表不可编辑区域，灰色代表部分可编辑区域(即羽化区域)。使用白色涂抹通道可以扩大选区，使用黑色涂抹通道可以缩小选区，使用灰色涂抹通道则可以扩大羽化区域。

3. 专色通道

专色是除CMYK外的颜色。专色通道主要用于记录专色信息，指定用于专色(如银色、金色及特种色等)油墨印刷的附加印版。

> 💡 **提示**
>
> 专色是特殊的预混油墨，例如荧光黄、金属银色等。它们用于替代或补充印刷色油墨，因为印刷色油墨无法展现出金属和荧光等炫目的色彩。

9.1.2 【通道】面板

在Photoshop中，打开的图像都会在【通道】面板中自动创建颜色信息通道。如果图像文件包含多个图层，则每个图层都有其对应的颜色通道。选择【窗口】|【通道】命令，即可打开【通道】面板，如图9-4所示。

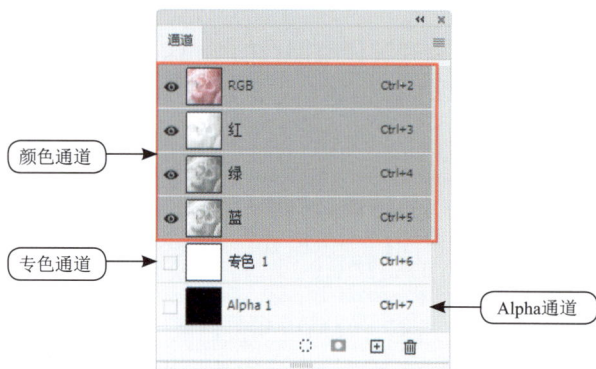

图 9-4　【通道】面板

【通道】面板中常用工具按钮的作用如下。

- 【将通道作为选区载入】 ○：单击该按钮，可以将当前通道中的图像转换为选区。
- 【将选区存储为通道】 ▢：单击该按钮，可以自动创建一个Alpha通道，并将图像中的选区存储为一个遮罩。
- 【创建新通道】 ⊞：单击该按钮，可以创建一个新的Alpha通道。
- 【删除当前通道】 🗑：单击该按钮，可以删除选择的通道。

> 💡 **提示**
>
> 只有以支持图像颜色模式的格式(如PSD、PDF、PICT、TIFF或Raw等格式)存储文件时，才能保留Alpha通道。以其他格式存储文件可能会导致通道信息丢失。

在Photoshop的默认情况下，颜色通道以灰度显示。如果需要以彩色显示颜色通道，可以选择【编辑】|【首选项】|【界面】命令，打开【首选项】对话框，选中【用彩色显示通道】复选框，如图9-5所示。进行确定后，各颜色通道就会以彩色显示，如图9-6所示。

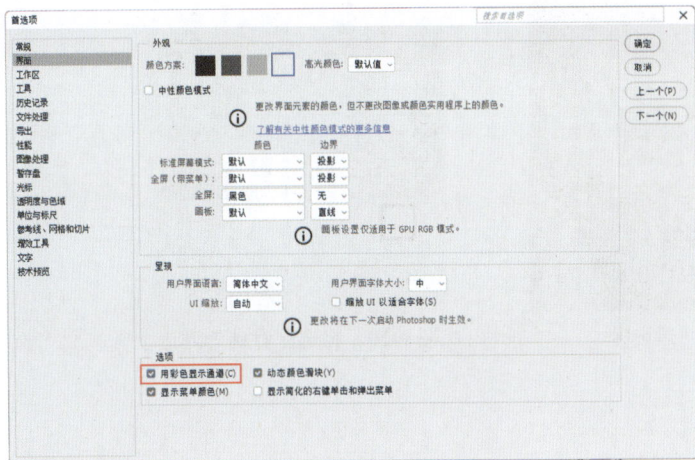

图 9-5　【首选项】对话框

图 9-6　以彩色显示通道

9.2 新建通道

在掌握了通道的分类和【通道】面板的基本知识后，若想进一步运用通道进行图像处理，还需要学习如何创建通道。下面将介绍新建Alpha通道和专色通道的操作方法。

9.2.1 创建Alpha通道

Alpha通道用于存储选择范围，可以对选择范围进行多次编辑。用户可以在载入图像选区后，通过新建Alpha通道对图像进行操作。在【通道】面板中，创建Alpha通道主要有以下几种方式。

- 在【通道】面板底部单击【创建新通道】按钮 ▣ ，即可创建一个Alpha通道，默认情况下，通道名称为Alpha加上编号(如Alpha 1)，如图9-7所示。
- 单击【通道】面板右上角的面板菜单按钮 ≡ ，在弹出的菜单中选择【新建通道】命令，打开【新建通道】对话框，如图9-8所示，设置好新通道的名称、色彩的显示方式和颜色后单击【确定】按钮，即可新建一个Alpha通道。

图 9-7　新建 Alpha 通道

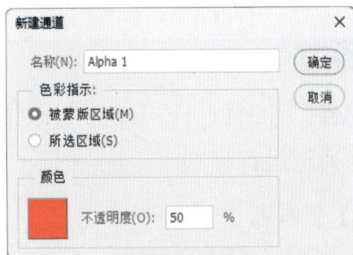

图 9-8　【新建通道】对话框

- 在图像中创建一个选区，如图9-9所示，然后单击【通道】面板底部的【将选区存储为通道】按钮▣，即可将选区存储为Alpha通道，如图9-10所示。

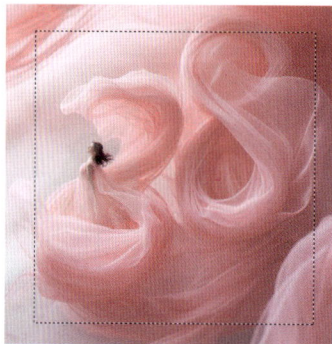

图 9-9　创建选区

图 9-10　将选区存储为通道

9.2.2　新建专色通道

单击【通道】面板右上角的面板菜单按钮▤，在弹出的菜单中选择【新建专色通道】命令，即可打开【新建专色通道】对话框，如图9-11所示。在该对话框中设置好新通道名称、色彩和密度后，单击【确定】按钮，即可新建专色通道，如图9-12所示。

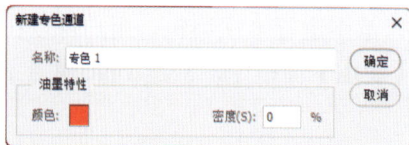

图 9-11　【新建专色通道】对话框

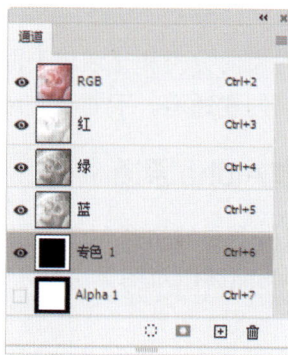

图 9-12　新建专色通道

9.3　通道的操作

在【通道】面板中，通过对通道进行特定操作(如分离与合并通道、混合通道等)，可以创建出更具立体感和丰富效果的图像。

9.3.1　复制通道

通道与图层一样，都可以进行复制。不仅可以在同一个文档中对通道进行复制，还可以在不同的文档之间对通道进行复制。

👉【练习9-1】复制通道

步骤 01 打开"灯泡.jpg"素材图像，选择需要复制的通道，然后单击【通道】面板右上方的面板菜单按钮▤，在弹出的菜单中选择【复制通道】命令，如图9-13所示。

步骤 02 在打开的【复制通道】对话框中设置各选项，如图9-14所示。

步骤 03 单击【确定】按钮，即可在【通道】面板中得到复制的通道，如图9-15所示。

图 9-13　选择【复制通道】命令　　　　图 9-14　【复制通道】对话框　　　　图 9-15　复制红色通道

提示

在编辑图像时，为了便于观察当前图像的操作状态，常常需要对部分通道进行隐藏。单击通道前的眼睛图标 ◉，即可隐藏该通道；单击 ▭ 图标，则可显示该通道。

9.3.2　删除通道

由于多余的通道会增大图像文件，从而影响计算机的运行速度，因此，在完成图像处理后，可以将多余的通道删除。删除通道有以下3种常用方法。

- 选择需要删除的通道，在通道上单击鼠标右键，在弹出的快捷菜单中选择【删除通道】命令。
- 选择需要删除的通道，单击【通道】面板右上方的面板菜单按钮▤，在弹出的菜单中选择【删除通道】命令。
- 选择需要删除的通道，按住鼠标左键将其拖动到【通道】面板底部的【删除当前通道】按钮 🗑 上。

9.3.3　载入通道选区

在通道中可以载入和存储选区。在通道中载入选区是通道应用中常用的操作，在处理较复杂的图像时，常常需要多次运用载入选区的操作。

在【通道】面板中选择要载入选区的通道，然后单击【通道】面板底部的【将通道作为选区载入】按钮 ⊙，如图9-16所示，即可载入通道选区，效果如图9-17所示。

图 9-16　将通道作为选区载入　　　　图 9-17　载入选区后的效果

163

9.3.4　通道的分离与合并

　　在Photoshop中，可以将一个图像文件的各个通道分开，各自成为一个独立的图像窗口和拥有【通道】面板的独立文件，并且可以对各个通道文件进行独立编辑。当编辑完成后，再将各个独立的通道文件合成到一个图像文件中，这一过程称为通道的分离与合并。

　　🖼️【练习9-2】分离与合并通道

步骤 01 打开"夏日.jpg"素材图像，如图9-18所示，在【通道】面板中可以查看图像的通道信息，如图9-19所示。

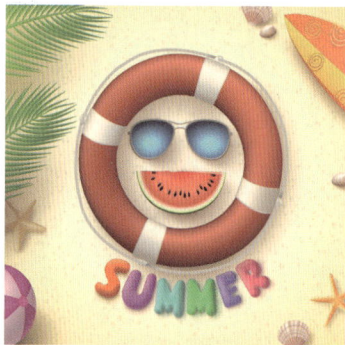

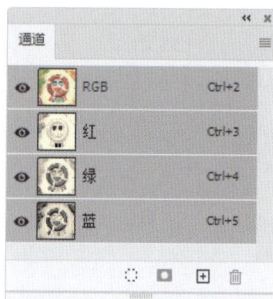

图 9-18　打开图像　　　　　　　　图 9-19　查看通道信息

步骤 02 单击【通道】面板右上方的面板菜单按钮▤，在弹出的菜单中选择【分离通道】命令，系统会自动将图像按原图像中的分色通道数目分解为3个独立的灰度图像，如图9-20所示。

(a) 红色通道图像　　　　　　(b) 蓝色通道图像　　　　　　(c) 绿色通道图像

图 9-20　分离通道后生成的图像

步骤 03 选择分离出来的绿色通道图像，然后选择【滤镜】|【风格化】|【凸出】命令，在打开的对话框中直接单击【确定】按钮，如图9-21所示，此时当前图像的显示效果如图9-22所示。

步骤 04 单击【通道】面板中的面板菜单按钮▤，在弹出的菜单中选择【合并通道】命令，在打开的【合并通道】对话框中设置【模式】为【RGB颜色】，如图9-23所示。

步骤 05 单击【确定】按钮，在打开的【合并RGB通道】对话框中直接进行确定，如图9-24所示，即可对指定的通道进行合并，并为原图像添加背景纹理，效果如图9-25所示。

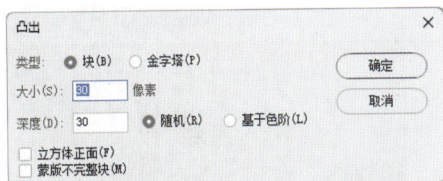

图 9-21　【凸出】对话框

图 9-22　应用滤镜后的效果

图 9-23　【合并通道】对话框

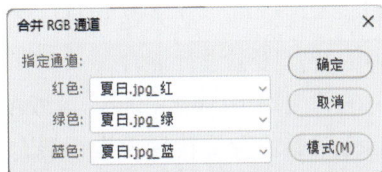

图 9-24　【合并 RGB 通道】对话框

图 9-25　合并通道后的效果

9.3.5　混合通道

使用【应用图像】命令可以将一个图像文件中的图层及通道与其他图像文件中的图层及通道进行合成。类似于图层的混合模式，但【应用图像】命令能够混合单个通道，从而进行更高级的合成操作。

【练习9-3】混合通道

步骤 01　打开"瓶子.jpg"和"蓝色背景.jpg"素材图像，如图9-26和图9-27所示。

图 9-26　瓶子图像

图 9-27　蓝色背景图像

步骤 02　使用【移动工具】 将"蓝色背景"图像移动到"瓶子"图像中，并将"蓝色背景"图像放大到与"瓶子"图像一样。

步骤 03 选择【图像】|【应用图像】命令，打开【应用图像】对话框，设置【图层】选项为【背景】、【混合】选项为【强光】，如图9-28所示，然后单击【确定】按钮，即可得到图像混合效果，如图9-29所示。

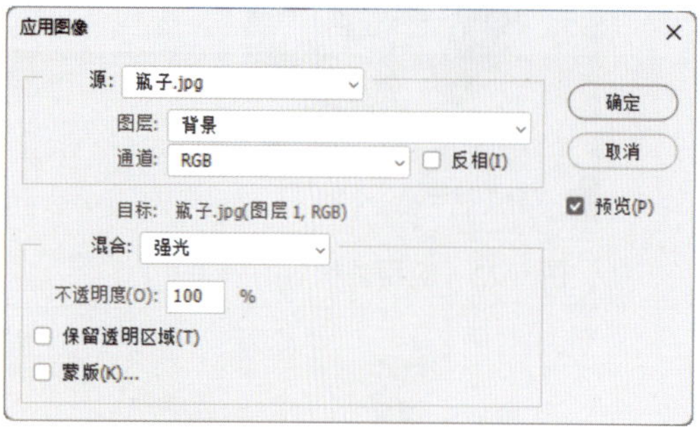

图 9-28 【应用图像】对话框    图 9-29 图像混合效果

【应用图像】对话框中常用选项的作用如下。

● 源：用于选择参与混合的源图像文件，必须是与目标图像分辨率一致的文件。

● 图层：可以选择源图像中的特定图层进行混合。

● 通道：可以选择源图像中的特定通道(如红、绿、蓝或Alpha通道)进行混合。

● 反相：选中该复选框，通道的颜色会反转后再进行混合。

● 目标：用于显示当前被混合的目标图像，即最终应用混合效果的图像。

● 混合：用于设置混合的方式，如正片叠底、叠加、滤色等。

● 不透明度：用于控制混合效果的强度，数值越低，混合效果越弱。

● 保留透明区域：选中该复选框，混合效果仅应用于图层的不透明区域，透明区域不受影响。

● 蒙版：选中该复选框，可以使用颜色通道或Alpha通道作为蒙版，进一步限制混合范围。

9.4 应用蒙版

蒙版是另一种专用的选区处理工具。用户通过蒙版可以选择或隔离图像，在处理图像时屏蔽和保护一些重要的图像区域，使其不受编辑和加工的影响。当对图像的其余区域进行颜色变化、滤镜效果和其他效果处理时，被蒙版蒙住的区域不会发生改变。

9.4.1 使用快速蒙版

快速蒙版是一种临时蒙版。使用快速蒙版只建立图像的选区，不会对图像进行修改。快速蒙版需要通过绘图工具(如画笔、橡皮擦等)来绘制选区，绘制完成后可转换为选区并进行编辑。

【练习9-4】使用快速蒙版制作放射状背景

步骤 01 打开"玻璃瓶.jpg"素材图像，如图9-30所示。

步骤 02 在工具箱底部单击【以快速蒙版模式编辑】按钮 ，进入快速蒙版编辑模式，可以在【通道】面板中查看到新建的快速蒙版，如图9-31所示。

图 9-30　素材图像

图 9-31　创建快速蒙版

步骤 03 选择工具箱中的【画笔工具】 ，在玻璃瓶图像和周围进行涂抹，涂抹出来的颜色为红色透明效果，如图9-32所示。在【通道】面板中会显示出涂抹的状态，如图9-33所示。

图 9-32　涂抹图像

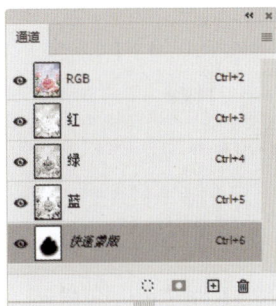

图 9-33　快速蒙版状态

步骤 04 在工具箱底部单击【以标准模式编辑】按钮 ，或按Q键，将返回到标准模式中，得到涂抹区域以外的图像选区，如图9-34所示。

步骤 05 选择【滤镜】|【模糊】|【径向模糊】命令，打开【径向模糊】对话框，设置径向模糊参数，如图9-35所示。

步骤 06 单击【确定】按钮回到画面中，调整后的图像呈现放射状的模糊效果，如图9-36所示。

图 9-34　获取选区

图 9-35　【径向模糊】对话框

图 9-36　径向模糊效果

167

9.4.2 使用图层蒙版

使用图层蒙版可以隐藏或显示图层中的部分图像，还可以通过图层蒙版显示下一图层中图像被遮住的部分。在图层蒙版中，使用黑色绘制的区域是隐藏的，用白色绘制的区域是可见的，而用灰色绘制的区域会以半透明状态显示。

创建图层蒙版主要有以下3种方法。

- 选择要添加图层蒙版的图层，然后在【图层】面板下方单击【添加图层蒙版】按钮 ◻ ，可以为当前图层添加一个图层蒙版，如图9-37所示。
- 在【图层】面板中选择需要添加图层蒙版的图层，选择【图层】|【图层蒙版】|【显示全部】命令，即可生成一个图层蒙版。
- 如果当前图像中存在选区，单击【图层】面板下方的【添加图层蒙版】按钮 ◻ ，可以基于当前选区为图层添加图层蒙版，选区以外的图像将被蒙版隐藏，如图9-38所示。

图 9-37　添加图层蒙版　　　　图 9-38　选区图层蒙版

添加图层蒙版后，可以在【图层】面板中对图层蒙版进行编辑。右击蒙版图标，在弹出的菜单中可以选择所需的编辑命令，如图9-39所示。

- 停用图层蒙版：该命令可以暂时不显示图像中添加的蒙版效果。
- 删除图层蒙版：该命令可以彻底删除应用的图层蒙版效果，使图像回到原始状态。
- 应用图层蒙版：该命令可以将蒙版图层变成普通图层，同时无法再对蒙版进行编辑。

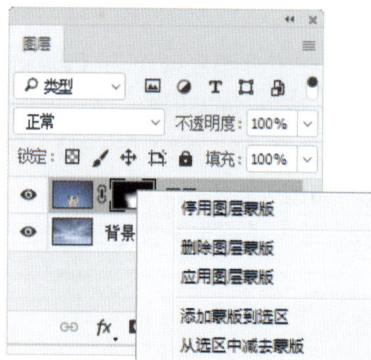

图 9-39　选择命令

【练习9-5】使用图层蒙版制作桌面壁纸

步骤 01 打开"笔记本电脑.jpg"图像，如图9-40所示。

步骤 02 打开"彩色背景.jpg"图像，使用【移动工具】 ⊕ 将彩色背景拖动到笔记本电脑图像中，并生成【图层1】，如图9-41所示，然后按Ctrl+T组合键，并适当调整彩色背景的大小和角度，效果如图9-42所示。

图 9-40　笔记本电脑

图 9-41　添加彩色背景

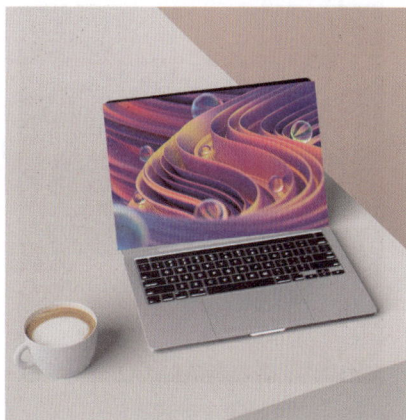

图 9-42　调整图像

步骤 03 为了便于编辑图像，先适当降低【图层1】的不透明度，然后使用【多边形套索工具】🔲沿着电脑显示屏幕边缘绘制选区，如图9-43所示。

步骤 04 将【图层1】不透明度恢复为100%，然后单击【图层】面板底部的【添加图层蒙版】按钮 ◻ ，得到图层蒙版，隐藏超出选区以外的图像，如图9-44所示，彩色背景将作为电脑桌面显示，效果如图9-45所示。

图 9-43　绘制选区

图 9-44　图层蒙版状态

图 9-45　图像效果

9.4.3　使用矢量蒙版

使用矢量蒙版是一种基于路径的非破坏性遮罩技术，用户可以通过【钢笔工具】🖊或形状工具组中的工具创建路径，并将其转换为矢量蒙版。矢量蒙版能够在图层上生成边缘清晰锐利的形状，适合处理需要高精度的设计元素。与普通图层蒙版不同，矢量蒙版可以随时调整路径形状而不会影响图像质量，常用于标志设计、图标制作以及需要精确遮罩的场景。

创建矢量蒙版时，首先需要在画面中绘制一个路径，如图9-46所示。然后选择【图层】|【矢量蒙版】|【当前路径】命令，即可使用当前路径创建一个矢量蒙版，路径以外的图像将被全部隐藏起来，如图9-47所示。这时，【图层】面板中也将自动生成一个矢量蒙版图层，如图9-48所示。

图 9-46　绘制路径　　　　　图 9-47　图像效果　　　　　图 9-48　矢量蒙版图层

9.4.4　使用剪贴蒙版

在Photoshop中，剪贴蒙版是一种将上层图层的内容限制在下层图层的形状范围内的功能。通过剪贴蒙版，上层图层的内容只会显示在下层图层的可见区域中，而下层图层则充当蒙版的角色。剪贴蒙版常用于图像合成、文字效果设计等场景。

【练习9-6】使用剪贴蒙版制作文字效果

步骤 01 打开"吉他.jpg"素材图像，使用【横排文字工具】T.在图像中输入文字，设置字体为【方正汉真广标简体】、字形为【仿斜体】，并适当调整大小，如图9-49所示。

步骤 02 打开"星光.jpg"素材图像，使用【移动工具】将其拖动到吉他图像中，生成【图层1】，如图9-50所示，然后适当调整图像大小使其遮盖文字。

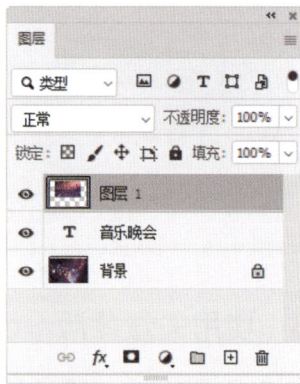

图 9-49　输入文字　　　　　　　　图 9-50　生成新图层

步骤 03 选择【图层】|【创建剪贴蒙版】命令，或按Alt+Ctrl+G组合键，即可得到剪贴蒙版的效果，如图9-51所示，此时【图层】面板中的【图层1】将变成剪贴图层，如图9-52所示。

💡 **提示**

剪贴蒙版作为图层，也具有图层的属性，用户可以对其应用图层样式，调整不透明度及混合模式等。

步骤 04 选择【图层】|【图层样式】|【描边】命令，打开【图层样式】对话框，设置描边大小为4像素、颜色为白色，其他设置如图9-53所示，单击【确定】按钮，得到的文字效果如图9-54所示。

图 9-51 剪贴蒙版效果

图 9-52 生成剪贴图层

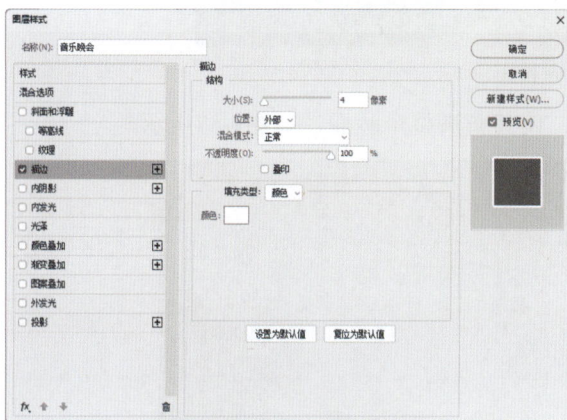

图 9-53 添加描边样式

图 9-54 文字效果

9.5 课堂案例

本节综合应用所学的通道和蒙版,包括选择通道、复制通道和添加图层蒙版等操作,练习制作技术分享会海报和家居定制广告。

9.5.1 制作技术分享会海报

本案例将制作技术分享会海报,巩固练习添加图层蒙版和使用【应用图像】命令等操作。本例的最终效果如图9-55所示。

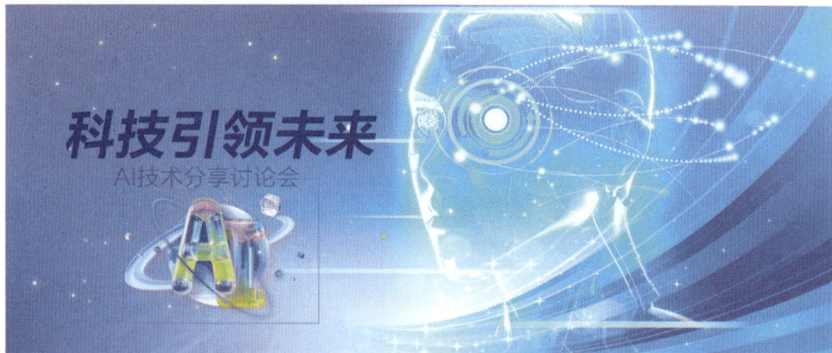

图 9-55 案例效果

本例的具体操作步骤如下。

步骤 01 打开"科技背景.jpg"和"彩色曲线.jpg"素材图像，使用【移动工具】![移动工具图标]将彩色曲线图像拖动到科技背景图像中，如图9-56所示，得到图层1。

图 9-56　素材图像

步骤 02 按Ctrl+T组合键调整彩色曲线图像大小，使其布满整个画面，如图9-57所示。

图 9-57　调整图像大小

步骤 03 单击【图层】面板底部的【添加图层蒙版】按钮![蒙版图标]，然后使用【画笔工具】![画笔图标]对画面左侧进行涂抹，隐藏部分图像，效果如图9-58所示，此时【图层】面板如图9-59所示。

图 9-58　添加图层蒙版后的效果

图 9-59　【图层】面板

步骤 04 选择【图层1】，在【图层】面板中右击，在弹出的菜单中选择【应用图层蒙版】命令，如图9-60所示，即可将其转换为普通图层，如图9-61所示。

步骤 05 选择【图像】|【应用图像】命令，打开【应用图像】对话框，设置【图层】选项为【背景】、【混合】选项为【滤色】，如图9-62所示。单击【确定】按钮，得到图像混合效果，如图9-63所示。

图 9-60　选择【应用图层蒙版】命令　　　图 9-61　得到普通图层

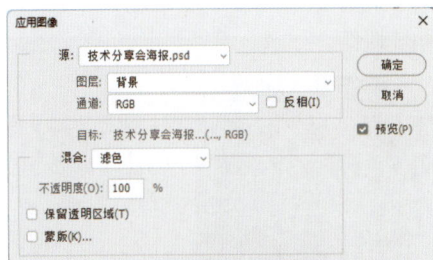

图 9-62　设置参数　　　　　图 9-63　图像混合效果

步骤 06 打开"机器人.psd"素材文件，使用【移动工具】 ➕ 将机器人图像拖动到当前编辑的图像中，放到画面右侧，设置图层混合模式为【滤色】，效果如图9-64所示。

图 9-64　添加素材图像

步骤 07 选择【横排文字工具】 T，在画面左侧输入两行主题文字，分别设置字体为【粗黑简体】和【黑体】，填充为深蓝色(R25,G44,B201)，排列样式如图9-65所示。

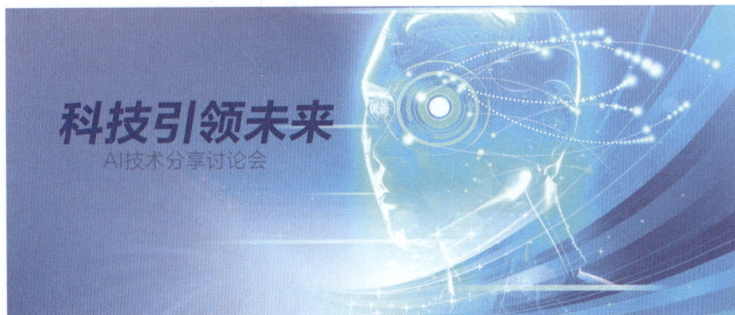

图 9-65　输入文字

步骤 08 在工具箱中设置前景色为白色，然后使用【画笔工具】 ✏️ 在画面左侧绘制一些白色小圆点作为点缀，效果如图9-66所示。

图 9-66　绘制小圆点

步骤 09 打开"AI.psd"素材图像，使用【移动工具】 ⊕ 将其中的图像拖动到当前编辑的图像中，放在文字的下方，效果如图9-67所示，至此完成本案例的制作。

图 9-67　完成效果

9.5.2　制作家居定制广告

本案例将制作家居定制广告，练习创建通道和载入选区等操作。本例的最终效果如图9-68所示。

图 9-68　案例效果

本例的具体操作步骤如下。

步骤 01 打开"家具.jpg"素材图像，如图9-69所示。

步骤 02 打开【通道】面板，单击【通道】面板底部的【创建新通道】按钮 ，创建一个Alpha通道，如图9-70所示。

图 9-69　素材图像

图 9-70　创建 Alpha 通道

步骤 03 在工具箱中选择【套索工具】 ，沿图像边缘绘制一个选区，填充为白色，如图9-71所示。然后按Ctrl+D组合键取消选区。

步骤 04 选择【滤镜】|【滤镜库】命令，在打开的对话框中选择【画笔描边】|【喷溅】滤镜，然后设置参数并确定，如图9-72所示。

图 9-71　绘制并填充选区

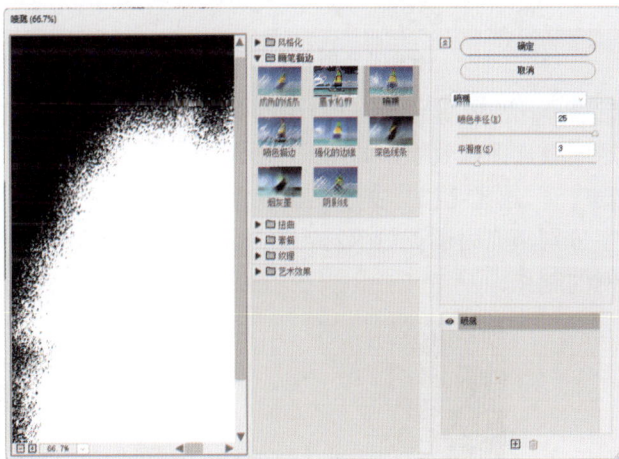

图 9-72　设置喷溅滤镜的参数并确定

步骤 05 选择RGB通道，然后按住Ctrl键单击Alpha1通道，载入Alpha1通道选区，再按Shift+Ctrl+I组合键对选区进行反选，如图9-73所示。

步骤 06 将选区填充为白色，然后取消选区，效果如图9-74所示。

步骤 07 新建一个图层，选择【多边形套索工具】 ，在画面左上方创建一个多边形选区，填充为灰色，如图9-75所示。

步骤 08 在【图层】面板中设置该图层不透明度为50%，得到透明效果，然后绘制一个多边形选区并填充为灰绿色，效果如图9-76所示。

图 9-73　反选选区

图 9-74　填充选区

图 9-75　创建多边形选区

图 9-76　得到透明图像

步骤 09　使用同样的方式，绘制其他多边形选区，填充为灰绿色，然后调整其不透明度，得到透明叠加图像效果，如图9-77所示。

步骤 10　选择【横排文字工具】 T，，在图像中输入广告文字，设置字体为【黑体】，然后将文字分别填充为橘黄色(R217,G138,B0)、白色和黑色，再排列成如图9-78所示的效果，完成本案例的制作。

图 9-77　绘制其他图像

图 9-78　输入文字

第10章 滤镜的应用

在数字艺术的广阔天地中，Photoshop滤镜犹如一支神奇的画笔，赋予创作者无限可能。通过滤镜的运用，可以丰富图像细节、营造独特氛围，甚至创造出令人惊叹的艺术效果。本章将学习滤镜的应用，为读者打开一扇通往图像处理新境界的大门，让创意之旅更加丰富多彩。

10.1 初识滤镜

Photoshop的滤镜具有强大的图像处理能力，能够创造出丰富多样的视觉效果。Photoshop 2025内置了近百种滤镜，涵盖纹理、杂色、扭曲、模糊等多种类型，为用户的设计工作提供了更多可能性。

10.1.1 滤镜简介

Photoshop的滤镜功能，如同一位魔术师，能够将普通的图像制作成令人惊叹的视觉盛宴。这些滤镜，从简单的模糊和锐化，到复杂的光照效果和艺术渲染，每一种都拥有其独特的能力，能够为图像添加各种纹理、变形和色彩效果。它们不仅能够修复照片中的瑕疵，更能够激发创意，让设计师的想象力得以无限延伸。无论是追求写实风格的摄影师，还是热衷于抽象表达的艺术家，Photoshop滤镜都是他们不可或缺的工具，让每一幅作品都能讲述一个独特的故事。

Photoshop的滤镜主要分为两部分：一部分是Photoshop程序内部自带的内置滤镜；另一部分是第三方厂商为Photoshop所生产的外挂滤镜。外挂滤镜数量较多，而且种类繁多、功能多样，用户可以使用不同的滤镜，轻松地达到创作的意图。

在【滤镜】菜单中可以找到所有的Photoshop内置滤镜。单击【滤镜】菜单，在弹出的【滤镜】菜单中包括了多种滤镜组，在各个滤镜组中还包含了多种不同的滤镜效果，如图10-1所示。

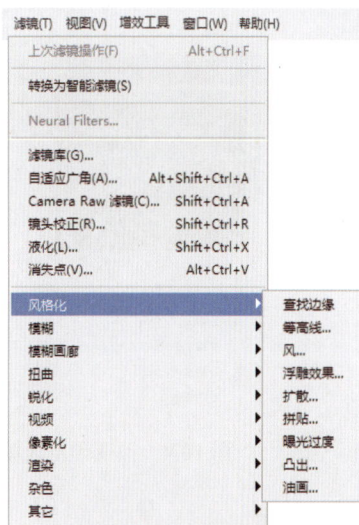

图 10-1 【滤镜】菜单

10.1.2 滤镜的基础操作

在Photoshop中，每个滤镜都预置了默认参数效果。应用滤镜时，预设效果将直接作用于当前图像，用户也可先选择指定图层或创建图像选区，再执行滤镜命令，预设效果将只用于选定图层或选区。大多数滤镜都配备了参数调节面板，支持用户通过精细调整各项参数来优化图像效果。通过不同的参数设置，可以创造出丰富多样的视觉效果，充分满足各类设计需求。

【练习10-1】应用滤镜

步骤 01 打开"波纹.jpg"素材图像，效果如图10-2所示。

步骤 02 在【滤镜】菜单中选择一种滤镜命令(如【风格化】|【扩散】命令)，在打开的对话框中可以设置滤镜参数，并预览滤镜效果，如图10-3所示。

图 10-2 打开素材图像

图 10-3 设置并预览滤镜效果

步骤 03 单击对话框下方的缩放按钮，可以缩小或放大预览图。当预览图放大到超过窗口比例时，在预览图中拖动图像，可以改变预览的显示区域，如图10-4所示。

步骤 04 单击【确定】按钮，即可为图像添加相应滤镜，效果如图10-5所示。

图 10-4 改变预览区域

图 10-5 添加滤镜后的效果

💡 提示

对图像应用滤镜后，如果效果不明显，可以按 Alt+Ctrl+F 组合键重复应用该滤镜。

10.2　使用滤镜库

Photoshop的滤镜库是一个功能强大的视觉特效工具箱，它为用户提供了丰富多样的图像处理解决方案。这个庞大的滤镜集合包含了上百种精心设计的滤镜效果，涵盖了【扭曲】【画笔描边】【素描】【纹理】【艺术效果】【风格化】等多个类别。

10.2.1　滤镜库的使用方法

打开一幅图像，选择【滤镜】|【滤镜库】命令，即可打开【滤镜库】对话框，在滤镜库中可以选择并设置所需滤镜，如图10-6所示。

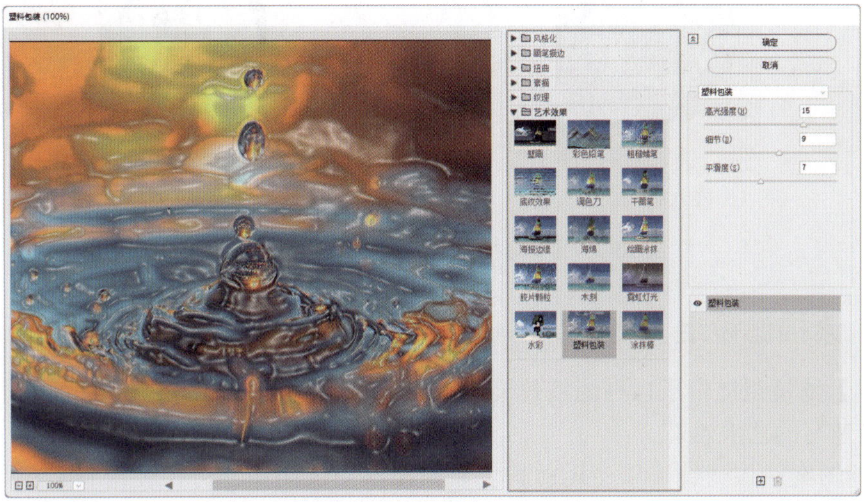

图 10-6　【滤镜库】对话框

在【滤镜库】对话框中可以进行以下操作。

● 在中间的滤镜列表中展开某个滤镜组，然后选择其中一种滤镜，可以在右侧进行参数设置，在左侧的预览框中查看应用这种滤镜后的效果。

● 在对话框右下角单击【新建效果图层】按钮⊞，可以新建效果图层；单击【删除效果图层】按钮🗑，可以删除效果图层。

● 单击滤镜列表右上方的折叠按钮⊼，可以隐藏滤镜列表，从而增加预览框的大小。

10.2.2　画笔描边滤镜组

【画笔描边】滤镜组提供了8种滤镜，主要用于模拟各种画笔或油墨笔刷效果，能够将图像转化为具有手绘风格的视觉效果。

● 成角的线条：该滤镜可以使图像中的颜色产生倾斜划痕效果，图像中较亮的区域用同一方向的线条绘制，较暗的区域用相反方向的线条绘制。

● 墨水轮廓：该滤镜可以产生类似钢笔绘图的风格，使用细线条在原图细节上重绘图像。

● 喷溅：该滤镜可以模拟喷枪绘图的工作原理，使图像产生喷溅效果。

● 喷色描边：该滤镜采用图像的主导色，使用成角的、喷溅的颜色来增加斜纹飞溅效果。

● 强化的边缘：该滤镜的作用是强化勾勒图像的边缘。

- 深色线条：该滤镜使用粗短、绷紧的线条来绘制图像中接近深色的颜色区域，使用细长的白色线条绘制图像中较浅的区域。
- 烟灰墨：该滤镜可以模拟饱含墨汁的湿画笔在宣纸上绘制的效果。
- 阴影线：该滤镜将保留原图像的细节和特征，通过模拟铅笔阴影线来添加纹理，并且色彩区域的边缘会变粗糙。

如图10-7所示，展示了为图像应用【画笔描边】滤镜组中部分滤镜的效果。

| 原图 | 墨水轮廓 | 喷溅 | 深色线条 | 阴影线 |

图 10-7　【画笔描边】滤镜组中部分滤镜效果

10.2.3　素描滤镜组

【素描】滤镜组提供了14种滤镜效果，主要用于在图像中添加各种纹理，使图像产生素描、三维及速写的艺术效果。

- 半调图案：该滤镜可以使用前景色显示凸显中的阴影部分，使用背景色显示高光部分，使图像产生一种网板图案效果。
- 便条纸：该滤镜可以模拟凹陷压印图案，使图像产生草纸画效果。
- 粉笔和炭笔：该滤镜主要使用前景色和背景色来重绘图像，使图像产生被粉笔和炭笔涂抹的草图效果。在处理过程中，粉笔绘制中间调背景色(较亮区域)，炭笔使用前景色处理较暗区域。
- 铬黄渐变：该滤镜可以使图像产生液态金属效果，原图像的颜色会完全丢失。
- 绘图笔：该滤镜使用精细且具有一定方向的油墨线条重绘图像。油墨使用前景色，较亮区域使用背景色。
- 基底凸现：该滤镜可以使图像产生一种粗糙的浮雕效果。
- 石膏效果：该滤镜可以在图像上产生黑白浮雕图像效果，黑白对比较明显。
- 水彩画纸：该滤镜在图像上产生水彩效果，仿佛绘制在潮湿的纤维纸上，呈现颜色溢出、混合的渗透效果。
- 撕边：该滤镜适用于高对比度图像，模拟出撕破的纸片效果。
- 炭精笔：该滤镜模拟使用炭精笔绘制图像的效果，暗区使用前景色，亮区使用背景色。
- 炭笔：该滤镜在图像中创建绘画、涂抹的效果。主要边缘用粗线绘制，中间色调用对角线素描，炭笔使用前景色，纸张使用背景色。
- 图章：该滤镜使图像简化、突出主体，看起来像用橡皮或木制图章盖上去一样，通常用于黑白图像。

- 网状：该滤镜模拟胶片感光乳剂的受控收缩和扭曲效果，使暗色调区域呈现结块效果，高光区域呈现颗粒化效果。
- 影印：该滤镜模拟图像影印的效果。

如图10-8所示，展示了为图像应用【素描】滤镜组中部分滤镜的效果。

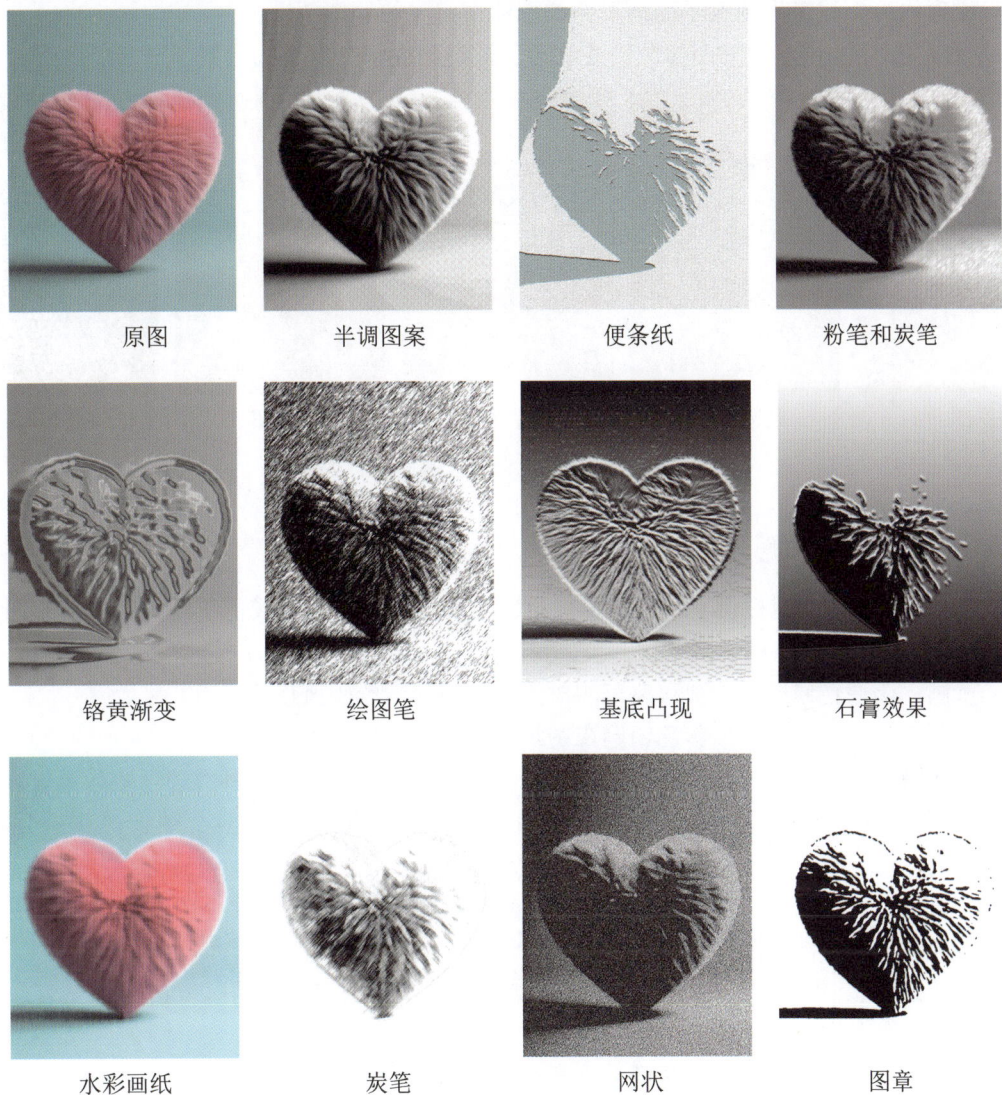

原图	半调图案	便条纸	粉笔和炭笔
铬黄渐变	绘图笔	基底凸现	石膏效果
水彩画纸	炭笔	网状	图章

图 10-8　【素描】滤镜组中部分滤镜效果

10.2.4　纹理滤镜组

【纹理】滤镜组提供了6种滤镜效果，主要用于为图像添加多样化的纹理效果，能够有效增强图像的视觉层次感和材质表现力。

- 龟裂缝：该滤镜在图像中随机生成龟裂纹理，并产生浮雕效果。
- 颗粒：该滤镜模拟不同种类的颗粒纹理，并将其添加到图像中。
- 马赛克拼贴：该滤镜在图像表面产生不规则、类似马赛克的拼贴效果。

- 拼缀图：该滤镜将图像自动分割成多个规则的矩形块，每个矩形块内填充单一颜色，模拟出瓷砖拼贴的图像效果。
- 染色玻璃：该滤镜模拟透过彩色玻璃观看图像的效果，并使用前景色勾勒单元格之间的边界，模拟玻璃之间的金属框线效果。
- 纹理化：该滤镜为图像添加预设的纹理或自定义的纹理效果。

如图10-9所示，展示了为图像应用【纹理】滤镜组中部分滤镜的效果。

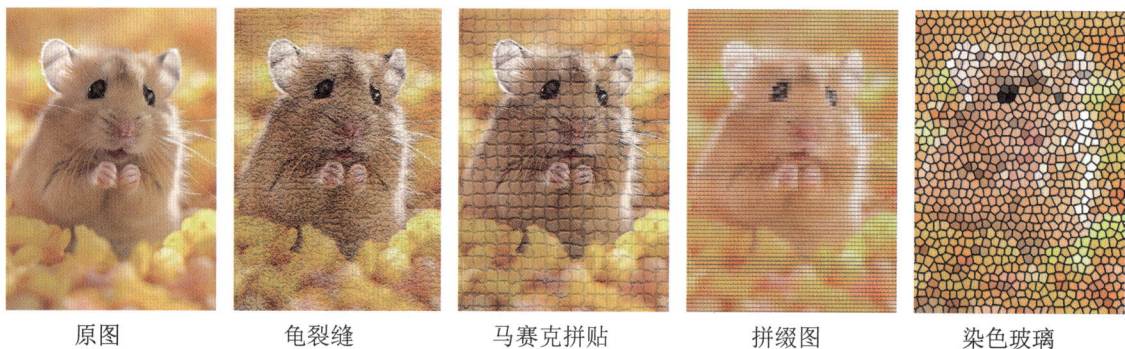

| 原图 | 龟裂缝 | 马赛克拼贴 | 拼缀图 | 染色玻璃 |

图 10-9　【纹理】滤镜组中部分滤镜效果

10.2.5　艺术效果滤镜组

【艺术效果】滤镜组提供了15种滤镜效果，主要通过模仿自然或传统绘画手法，将图像制作成具有自然或传统风格的艺术效果。

- 壁画：该滤镜通过短、圆和潦草的斑点模拟粗糙的绘画风格。
- 彩色铅笔：该滤镜模拟彩色铅笔在图纸上绘图的效果。
- 粗糙蜡笔：该滤镜模拟蜡笔在纹理背景上绘图的效果，生成一种纹理浮雕效果。
- 底纹效果：该滤镜模拟在带纹理的底图上绘画的效果，使整个图像产生一层底纹效果。
- 干画笔：该滤镜模拟使用干画笔绘制图像边缘的效果，通过减少图像的颜色范围为常用颜色区来简化图像。
- 海报边缘：该滤镜减少图像中的颜色复杂度，在颜色变化大的区域边界填充黑色，使图像产生海报画的效果。
- 海绵：该滤镜模拟海绵在图像上绘画的效果，使图像带有强烈的对比色纹理。
- 绘画涂抹：该滤镜可以选择各种大小和类型的画笔来创建画笔涂抹效果。
- 胶片颗粒：该滤镜在图像表面产生胶片颗粒状纹理效果。
- 木刻：该滤镜使图像产生木雕画效果。对比度较强的图像呈现剪影状，一般彩色图像呈现彩色剪纸状。
- 霓虹灯光：该滤镜在图像中颜色对比反差较大的边缘处产生类似霓虹灯发光效果，可以通过【发光颜色】选项设置霓虹灯颜色。
- 水彩：该滤镜简化图像细节，模拟使用水彩笔在图纸上绘画的效果。
- 塑料包装：该滤镜使图像表面产生类似透明塑料包裹物体的效果，突出表面细节。

- 调色刀：该滤镜减少图像中的细节，使图像产生薄薄的画布效果，露出下面的纹理。
- 涂抹棒：该滤镜使用短的对角线涂抹图像的较暗区域来柔和图像，同时增大图像的对比度。

如图10-10所示，展示了为图像应用【艺术效果】滤镜组中部分滤镜的效果。

| 原图 | 彩色铅笔 | 粗糙蜡笔 | 底纹效果 | 调色刀 |

| 海报边缘 | 海绵 | 胶片颗粒 | 木刻 | 塑料包装 |

图 10-10　【艺术效果】滤镜组中部分滤镜效果

10.3　其他滤镜的应用

除滤镜库中的滤镜外，Photoshop的【滤镜】菜单还提供了许多需要通过独立对话框设置参数的滤镜，以及无需对话框即可直接应用的滤镜。下面将分别介绍这些滤镜的作用。

10.3.1　风格化滤镜组

【风格化】滤镜组主要通过置换像素和增加图像的对比度，使图像产生印象派及其他风格化的艺术效果。该滤镜组提供了多种滤镜，其中只有【照亮边缘】滤镜位于滤镜库中，其他滤镜均位于【滤镜】|【风格化】菜单中。

- 照亮边缘：该滤镜通过查找并标识颜色的边缘，为其增加类似霓虹灯的亮光效果，该滤镜位于滤镜库中。
- 查找边缘：该滤镜可以找出图像主要色彩的变化区域，使之产生使用铅笔勾画过的轮廓效果。
- 等高线：该滤镜可以查找图像的亮区和暗区边界，并对边缘绘制出线条比较细、颜色比较浅的线条效果。

- 风：该滤镜可以模拟风吹效果，为图像添加一些短而细的水平线。
- 浮雕效果：该滤镜可以描边图像，使图像显现出凸起或凹陷效果，并且能将图像的填充色转换为灰色。
- 扩散：该滤镜可以产生透过磨砂玻璃观察图片一样的分离模糊效果。
- 拼贴：该滤镜可以将图像分解为指定数目的方块，并且将这些方块从原来的位置移动一定的距离。
- 曝光过度：该滤镜可以使图像产生正片和负片混合的效果，类似于摄影中增加光线强度产生的曝光过度效果。
- 凸出：该滤镜可使选择区域或图层产生一系列块状或金字塔状的三维纹理效果。
- 油画：该滤镜效果可以模拟油画图像效果，让画面产生凹凸质感。

如图10-11所示，展示了为图像应用【风格化】滤镜组中部分滤镜的效果。

原图	查找边缘	风	浮雕效果

拼贴	曝光过度	凸出	油画

图 10-11　【风格化】滤镜组中部分滤镜效果

10.3.2　扭曲滤镜组

【扭曲】滤镜组主要用于对当前图层或选区内的图像进行各种各样的扭曲变形处理，使图像产生三维或其他变形效果。除【玻璃】【海洋波纹】和【扩散亮光】滤镜位于滤镜库中外，其余滤镜均位于【滤镜】|【扭曲】菜单中。

- 玻璃：该滤镜为图像添加一种玻璃效果，用户可以在对话框中设置玻璃的种类，使图像看起来像是透过不同类型的玻璃显示。
- 海洋波纹：该滤镜产生随机波纹效果，并将其添加到图像表面。
- 扩散亮光：该滤镜将背景色的光晕添加到图像中较亮的部分，使图像产生一种弥漫的光漫射效果。

- 波浪：该滤镜模拟图像波动的效果，是一种复杂且精确的扭曲滤镜，常用于制作不规则的扭曲效果。
- 波纹：该滤镜模拟水波皱纹效果，常用于制作水面倒影图像。
- 极坐标：该滤镜使图像产生极度变形的效果。
- 挤压：该滤镜可以选择全部或部分图像，使图像产生向外或向内挤压的变形效果。
- 切变：该滤镜通过调节变形曲线来控制图像的弯曲程度。
- 球面化：该滤镜通过立体化球形的镜头形态扭曲图像，效果与挤压滤镜相似，但可以在垂直和水平方向上进行变形。
- 水波：该滤镜模拟水面上产生的漩涡波纹效果。
- 旋转扭曲：该滤镜使图像产生顺时针或逆时针旋转的效果，图像中心的旋转程度比边缘更大。
- 置换：该滤镜根据另一个PSD格式文件的明暗度移动当前图像的像素，使图像产生扭曲效果。

如图10-12所示，展示了为图像应用【扭曲】滤镜组中部分滤镜的效果。

原图	海洋波纹	扩散亮光	波浪	极坐标
挤压	切变	球面化	水波	旋转扭曲

图 10-12　【扭曲】滤镜组中部分滤镜效果

10.3.3　像素化滤镜组

　　【像素化】滤镜组通过将图像转换成由平面色块组成的图案，使图像呈现分块或平面化的效果。用户可以通过不同的设置，实现截然不同的视觉风格。

- 彩块化：该滤镜让图像中纯色或相似颜色的像素结成相近颜色的像素块，使图像产生类似宝石刻画的效果。该滤镜无参数设置对话框，直接使用即可，使用后的图像效果比原图更模糊。
- 彩色半调：该滤镜将图像分成矩形栅格，使图像产生彩色半色调的网点。对于图像中的每个通道，滤镜用小矩形分割图像，并用圆形替换矩形，圆形的大小与矩形的亮度成正比。
- 点状化：该滤镜将图像中的颜色分解为随机分布的网点，并使用背景色填充空白处。
- 晶格化：该滤镜将图像中的像素结块为纯色的多边形。
- 马赛克：该滤镜使图像中的像素形成方形块，并使方形块中的颜色统一。
- 碎片：该滤镜将图像的像素复制4倍，然后平均移位并降低不透明度，从而产生模糊效果。该滤镜无参数设置对话框。
- 铜版雕刻：该滤镜在图像中随机分布不规则的线条和斑点，产生镂刻的版画效果。

如图10-13所示，展示了为图像应用【像素化】滤镜组中部分滤镜的效果。

| 原图 | 彩色半调 | 点状化 | 晶格化 | 铜版雕刻 |

图 10-13　【像素化】滤镜组中部分滤镜效果

10.3.4　模糊滤镜组

【模糊】滤镜组可以使图像相邻像素之间的过渡更加平滑，从而使图像变得更加柔和。

- 表面模糊：该滤镜在模糊图像的同时还会保留原图像边缘。
- 动感模糊：该滤镜可以使静态图像产生运动的模糊效果，通过对某一方向上的像素进行线性位移来产生运动的模糊效果。
- 表面模糊：该滤镜在模糊图像的同时保留原图像的边缘细节。
- 动感模糊：该滤镜使静态图像产生运动模糊效果，通过对某一方向上的像素进行线性位移来实现。
- 方框模糊：该滤镜使用邻近像素颜色的平均值来模糊图像。
- 高斯模糊：该滤镜对图像整体进行模糊处理，根据高斯曲线调节图像的像素色值。
- 模糊：该滤镜对图像边缘进行模糊处理。该滤镜无参数设置对话框。
- 进一步模糊：该滤镜的效果与【模糊】滤镜相似，但强度是其3~4倍。该滤镜无参数设置对话框。
- 径向模糊：该滤镜模拟前后移动或旋转图像产生的柔和模糊效果。

- 镜头模糊：该滤镜模拟摄像时镜头抖动产生的模糊效果。
- 平均模糊：该滤镜自动查找图像或选区的平均颜色进行模糊处理，通常生成单一颜色的区域。
- 特殊模糊：该滤镜主要用于对图像进行精确模糊，是唯一不模糊图像轮廓的模糊方式。
- 形状模糊：该滤镜根据对话框中预设的形状创建模糊效果。

如图10-14所示，展示了为图像应用【模糊】滤镜组中部分滤镜的效果。

原图　　　表面模糊　　　动感模糊　　　高斯模糊　　　径向模糊

图 10-14　【模糊】滤镜组中部分滤镜效果

10.3.5　模糊画廊滤镜组

【模糊画廊】滤镜组能够模拟相机的浅景深效果，为图像添加背景虚化效果。用户可以在画面中设置保持清晰的位置，并调整虚化的范围、程度等参数。

- 场景模糊：该滤镜可以在图像中添加图钉，图钉周围的图像将进入模糊编辑状态。
- 光圈模糊：该滤镜能够模拟浅景深效果，使照片背景虚化。
- 移轴模糊：该滤镜可以在图像中添加图钉，其中的几条直线用于控制模糊的范围，图像越在直线以内越清晰。
- 路径模糊：该滤镜可以在图像中添加图钉。在编辑路径后，用户可以设置参数，得到适应路径形状的模糊效果。
- 旋转模糊：该滤镜可以在图像中添加图钉。在调整图钉周围圆圈的大小后，用户可以设置参数，得到圆形旋转的模糊效果。

如图10-15所示，展示了为图像应用【模糊画廊】滤镜组中部分滤镜的效果。

原图　　　光圈模糊　　　移轴模糊　　　路径模糊　　　旋转模糊

图 10-15　【模糊画廊】滤镜组中部分滤镜效果

10.3.6　杂色滤镜组

【杂色】滤镜组主要用于在图像中添加或移除杂色效果，从而优化图像的视觉效果。

- 去斑：该滤镜检测图像边缘并模糊其他区域，从而掩饰图像中的细小斑点或消除轻微折痕。该滤镜无参数设置对话框，执行效果较不明显。
- 蒙尘与划痕：该滤镜通过将有缺陷的像素融入周围像素，使图像产生柔和效果。
- 减少杂色：该滤镜在保留图像边缘的同时，减少图像中各个通道的杂色，具有智能化的杂色减少功能。
- 添加杂色：该滤镜在图像上添加随机像素，用户可以在对话框中设置添加单色或彩色杂色。
- 中间值：该滤镜通过混合图像中像素的亮度来减少杂色，对于消除或减少图像中的动感效果非常有用。

如图10-16所示，展示了为图像应用【杂色】滤镜组中部分滤镜的效果。

| 原图 | 蒙尘与划痕 | 添加杂色 |

图 10-16　【杂色】滤镜组中部分滤镜效果

10.3.7　渲染滤镜组

【渲染】滤镜组用于模拟不同的光源照明效果，创建云彩图案、折射图案等视觉效果。

- 火焰：该滤镜可以根据绘制的路径生成多种火焰效果。
- 图片框：选择该滤镜后，可以打开【图案】对话框，选择不同的边框素材图像，并通过设置参数生成不同形状的图片框。
- 树：选择该滤镜后，可以打开【树】对话框，通过设置参数生成不同形状的树效果。
- 云彩：该滤镜使用前景色和背景色相融合，随机生成云彩状图案，并填充到当前图层或选区中。
- 分层云彩：该滤镜与【云彩】滤镜类似，都是使用前景色和背景色随机生成云彩图案，但【分层云彩】滤镜生成的云彩图案不会替换原图，而是按差值模式与原图混合。
- 镜头光晕：该滤镜模拟照相机镜头产生的折射光效果。
- 纤维：该滤镜使用前景色和背景色创建出纤维状的图像效果。

如图10-17所示，展示了为图像应用【渲染】滤镜组中部分滤镜的效果。

| 原图 | 火焰 | 镜头光晕 | 分层云彩 |

图 10-17　【渲染】滤镜组中部分滤镜效果

10.3.8　锐化滤镜组

【锐化】滤镜组通过增加相邻图像像素的对比度，使模糊的图像变得清晰，画面更加鲜明、细腻。

- USM锐化：该滤镜在图像中相邻像素之间增大对比度，使图像边缘更加清晰。
- 智能锐化：该滤镜比【USM锐化】滤镜更加智能化，可以设置锐化算法或控制在阴影和高光区域中的锐化量，以获得更好的边缘检测并减少锐化晕圈。
- 锐化边缘：该滤镜通过查找图像中颜色发生显著变化的区域进行锐化。
- 锐化：该滤镜通过增加图像像素间的对比度，使图像更加清晰。
- 进一步锐化：该滤镜与【锐化】滤镜功效相似，但锐化效果更加强烈。

10.4　常用滤镜的设置与应用

在Photoshop中，【液化】滤镜和【消失点】滤镜等常用滤镜对用户修图提供了极大的帮助。以下将介绍这些常用滤镜的具体应用。

10.4.1　镜头校正滤镜

【镜头校正】滤镜可以修复常见的镜头瑕疵，例如桶形失真、枕形失真、晕影和色差。需要注意的是，该滤镜在RGB或灰度模式下只能用于8/位通道和16/位通道的图像。

🐾【练习10-2】镜头校正图像

步骤 01 打开"城市建筑.jpg"图像文件，可以看到图像具有球面化效果，如图10-18所示。

步骤 02 选择【滤镜】|【镜头校正】命令，打开【镜头校正】对话框，如图10-19所示。

步骤 03 选择对话框右侧的【自动校正】选项卡，用户可以设置校正选项，并在【边缘】下拉列表中可以选择相应的命令，如图10-20所示。

步骤 04 在【搜索条件】选项组中的下拉列表中，可以设置相机的品牌、型号和镜头型号，如图10-21所示。

图 10-18　素材图像

图 10-19　【镜头校正】对话框

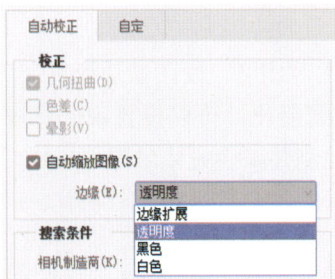

图 10-20　【自动校正】选项卡

图 10-21　搜索相机

步骤 05 选择对话框中的【自定】选项卡，可以精确地校正扭曲。这里设置【几何扭曲】中的【移去扭曲】为100、再适当调整【色差】和【变换】中的各项参数，如图10-22所示。单击【确定】按钮，得到校正后的图像效果，如图10-23所示。

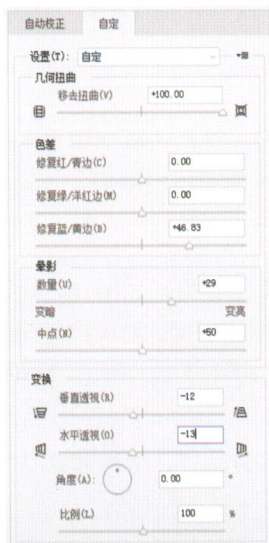

图 10-22　【自定】选项卡

图 10-23　校正效果

10.4.2　液化滤镜

【液化】滤镜可以使图像产生扭曲效果。用户可以通过【液化】对话框自定义图像扭曲的范围和强度，还可以将调整好的变形效果存储起来，以便以后使用。

选择【滤镜】|【液化】命令，打开【液化】对话框。该对话框的左侧为工具箱，中间为预览图像窗口，右侧为参数设置区，如图10-24所示。

图 10-24　【液化】对话框

【液化】对话框中左侧常用工具的作用如下。

- 向前变形工具：在预览框中单击并拖动鼠标，可以使图像中的颜色产生流动效果。在对话框右侧的【大小】【密度】和【压力】下拉列表中，可以设置笔头样式。
- 重建工具：用于对图像中的变形效果进行还原操作。
- 顺时针旋转扭曲工具：在图像中按住鼠标左键不放，可以使图像产生顺时针旋转效果。
- 褶皱工具：按住鼠标左键进行拖动，图像将产生向内压缩变形的效果。
- 膨胀工具：按住鼠标左键进行拖动，图像将产生向外膨胀放大的效果。
- 左推工具：按住鼠标左键进行拖动，图像中的像素将发生位移变形效果。
- 冻结蒙版工具：用于保护图像中不需要变形的部分，被冻结区域不会受到变形处理。
- 解冻蒙版工具：用于解除图像中的冻结部分。
- 脸部工具：用于对人物面部外形及五官进行细致的调整。
- 抓手工具：当图像大于预览框区域显示时，可以使用该工具拖动图像进行查看。
- 缩放工具：用于放大或缩小图像。直接在预览框中单击可放大图像，按住Alt键并单击可缩小图像。

> **提示**
>
> 在【液化】对话框中对图像进行错误的变形编辑后，可以单击右侧的【恢复全部】按钮，将图像恢复到原始状态。

10.4.3　消失点滤镜

使用【消失点】滤镜可以在图像中自动应用透视原理，按照透视的角度和比例自动适应图像的修改，从而大大节省精确设计和修饰照片所需的时间。

选择【滤镜】|【消失点】命令，可以打开【消失点】对话框，如图10-25所示。

图 10-25 【消失点】对话框

【消失点】对话框中常用工具的作用如下。

- 创建平面工具▦：打开【消失点】对话框时，该工具为默认选择的工具，在预览框中不同的位置单击4次，可创建一个透视平面。在对话框顶部的【网格大小】下拉列表框中，可以设置显示的密度。
- 编辑平面工具▶：使用该工具可以调整绘制的透视平面，调整时拖动平面边缘的控制点即可。
- 图章工具▣：该工具的功能与工具箱中的【仿制图章工具】▣相同。在透视平面内按住Alt键并单击图像可以对图像取样，然后在透视平面其他位置单击，可以对取样图像进行复制，复制后的图像与透视平面保持相同的透视关系。

10.4.4 Camera Raw滤镜

Camera Raw滤镜主要用于调整数码照片。RAW格式是数码相机专用的图片格式，这种格式会记录感光部件接收到的原始信息，具备最广泛的色彩。

选择【滤镜】|【Camera Raw滤镜】命令，打开Camera Raw对话框，在该对话框右侧的参数区域，可以对图像进行色彩调整、变形、去除污点等操作；在对话框左侧可以预览调整效果，如图10-26所示。

图 10-26 Camera Raw 对话框

10.4.5　智能滤镜

在Photoshop中，应用于智能对象的任何滤镜都是智能滤镜，使用智能滤镜可以将已经设置好的滤镜效果重新编辑。应用智能滤镜的方法如下。

首先选择【滤镜】|【转换为智能滤镜】命令，将图层中的图像转换为智能对象，如图10-27所示，然后对该图层应用滤镜，此时【图层】面板将显示创建的智能滤镜，如图10-28所示。单击【图层】面板中添加的滤镜效果，可以打开对应的滤镜对话框，对其进行重新编辑。

图 10-27　转换为智能对象　　　　图 10-28　【图层】面板

10.5　课堂案例

本节将通过制作品牌活动海报和纹理抽象画两个案例，练习本章所学的滤镜知识，包括【渲染】【模糊】【风格化】和【艺术效果】等滤镜组的应用。

10.5.1　制作品牌活动海报

本案例将在背景图中添加路径和文字，并通过滤镜制作特殊效果。首先通过对路径添加【火焰】滤镜装饰背景图像，然后在背景图像中输入文字，再对文字的部分笔画应用【模糊】滤镜效果。本例的最终效果如图10-29所示。

图 10-29　案例效果

本案例的具体操作步骤如下。

步骤 01 打开"紫色背景.jpg"素材图像，如图10-30所示。

步骤 02 新建一个图层，使用【钢笔工具】 在图像中绘制一条曲线路径，如图10-31所示。

图 10-30　打开背景图像

图 10-31　绘制路径

步骤 03 选择【滤镜】|【渲染】|【火焰】命令，打开【火焰】对话框，在【火焰类型】下拉列表中选择【1.沿路径一个火焰】选项，设置【宽度】为90，如图10-32所示。单击【确定】按钮，火焰图像将沿路径自动生成，效果如图10-33所示。

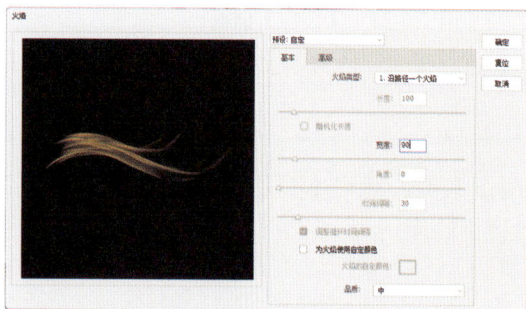

图 10-32　设置火焰类型

图 10-33　生成火焰图像

步骤 04 在【图层】面板中设置火焰图层的混合模式为【滤色】，然后将图像向上移动，效果如图10-34所示。

步骤 05 选择【横排文字工具】 ，在画面中输入文字，并适当调整文字位置，将字体设置为【方正非凡体简体】，并排列成如图10-35所示的效果。

图 10-34　设置图层的混合模式

图 10-35　输入文字

步骤 06 在【图层】面板中选择文字图层，并单击鼠标右键，在弹出的菜单中选择【栅格化文字】命令，如图10-36所示，将文字转换为普通图层。

步骤 07 按Ctrl+J组合键复制一次文字图层，然后隐藏复制的图层，如图10-37所示。

图 10-36　选择【栅格化文字】命令

图 10-37　隐藏图层

步骤 08 选择【滤镜】|【模糊】|【高斯模糊】命令，打开【高斯模糊】对话框，设置半径为4.7像素，如图10-38所示。单击【确定】按钮，得到模糊文字效果，如图10-39所示。

图 10-38　设置模糊参数

图 10-39　模糊效果

步骤 09 在【图层】面板中选择并显示隐藏的文字图层，使用【橡皮擦工具】 对部分笔画进行擦除，效果如图10-40所示。

步骤 10 在【而】字上方输入一行英文字，并在属性栏中设置字体为Roselle，填充为紫色(R122,G13,B123)，效果如图10-41所示。

图 10-40　擦除部分笔画

图 10-41　输入英文

步骤 11 继续输入广告活动内容和时间文字，并在属性栏中设置字体为【方正正纤黑简体】，分别填充为紫色(R122,G13,B123)和白色，效果如图10-42所示。

步骤 12 在画面右上方输入公司名称，设置字体为【方正精品书宋简体】，并填充为紫色，然后在画面下方输入其他文字，效果如图10-43所示，完成本案例的制作。

图 10-42　输入活动内容

图 10-43　输入公司名称和其他文字

10.5.2　制作纹理抽象画

本案例将结合使用【查找边缘】【扩散】和【粗糙蜡笔】等多种滤镜，对图像制作纹理抽象画效果，练习滤镜的使用方法。本例的最终效果如图10-44所示。

本案例的具体操作步骤如下。

步骤 01 打开"龙.jpg"素材图像，如图10-45所示。

步骤 02 按Ctrl+J组合键复制背景图层，得到图层1，如图10-46所示。

步骤 03 选择【滤镜】|【风格化】|【查找边缘】命令，得到查找边缘的图像效果，如图10-47所示。

图 10-44　实例效果

图 10-45　打开素材图像

图 10-46　复制背景图层

图 10-47　查找边缘效果

步骤 04 选择【滤镜】|【风格化】|【扩散】命令，打开【扩散】对话框，选择【模式】为【变暗优先】，如图10-48所示。单击【确定】按钮，得到添加滤镜后的效果，如图10-49所示。

步骤 05 选择背景图层，按Ctrl+J组合键复制背景图层，并将得到的【背景 拷贝】图层放到最上层，如图10-50所示。

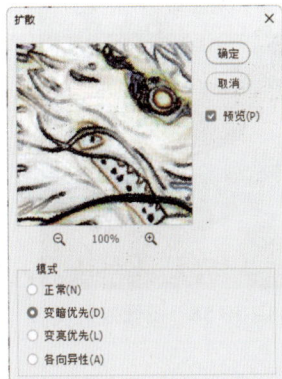

图 10-48　【扩散】对话框　　　　　图 10-49　滤镜效果　　　　　图 10-50　复制图层

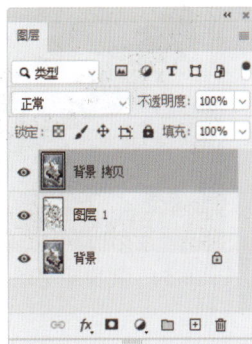

步骤 06 设置【背景 拷贝】图层的混合模式为【点光】，该图层图像将与下一层图像内容融合，效果如图10-51所示。

步骤 07 复制一次背景图层，将其放到【图层】面板最上层，如图10-52所示。

步骤 08 选择【滤镜】|【滤镜库】命令，打开【滤镜库】对话框，选择【艺术效果】|【粗糙蜡笔】选项，然后设置【粗糙蜡笔】滤镜的各项参数如图10-53所示。

图 10-51　图层混合模式效果　　　　图 10-52　复制图层　　　　　图 10-53　设置粗糙蜡笔

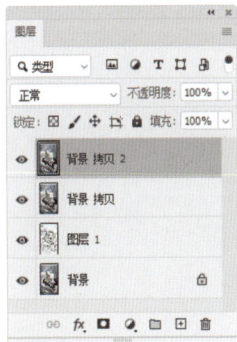

步骤 09 设置好【粗糙蜡笔】滤镜的各项参数后，单击【确定】按钮，得到粗糙蜡笔图像效果，如图10-54所示。

步骤 10 在【图层】面板中设置该图层的混合模式为【深色】，【不透明度】为70%，如图10-55所示，图像效果如图10-56所示，完成本案例的制作。

图 10-54　粗糙蜡笔图像效果　　图 10-55　设置图层属性　　图 10-56　图像效果

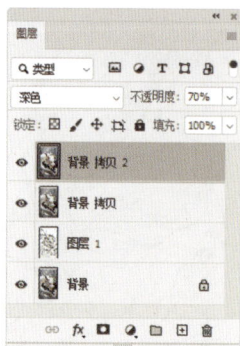

第 11 章 动作与图像输出

在Photoshop中，【动作】功能允许用户录制一系列操作步骤，并将其保存为可重复使用的脚本。无论是批量处理图片、应用特定滤镜，还是调整图像尺寸，都可以通过一键播放动作快速完成，极大地节省时间和精力。设计完成后，【图像输出】和【图像打印】是确保作品在不同设备和平台上呈现一致效果的关键步骤。本章将学习【动作】【图像输出】和【图像打印】的应用，帮助用户提升设计效率，优化工作流程。

11.1 动作的应用

在Photoshop中，【动作】功能主要用于自动化重复性任务，通过录制一系列操作步骤并保存为动作脚本，用户可以一键播放这些动作，快速完成复杂的操作流程。

11.1.1 认识【动作】面板

在【动作】面板中，可以快速使用预设的动作，也可以创建并保存自定义动作，以便以后使用。选择【窗口】|【动作】命令，打开【动作】面板，可以看到面板中默认的动作设置，如图11-1所示。

【动作】面板中常用功能按钮的作用如下。

- 开始记录 ●：单击该按钮，开始录制动作。
- 停止播放/记录 ■：单击该按钮，停止播放/录制动作。
- 播放选定的动作 ▶：单击该按钮，可以播放所选的动作。
- 创建新组 ▭：单击该按钮，可以新建一个动作组。
- 创建新动作 ▣：单击该按钮，可以创建新的动作。
- 删除 🗑：单击该按钮，在弹出的提示对话框中进行确定，可以删除所选的动作。
- ✔按钮：用于切换项目开关。
- ▣图标：用于控制当前所执行的命令是否需要弹出对话框。

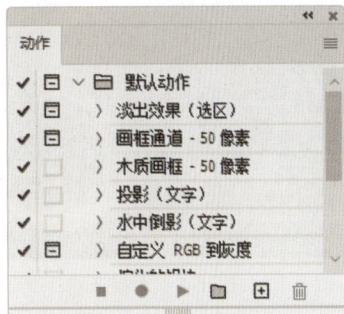

图 11-1 【动作】面板

11.1.2 创建动作组

为了方便管理动作，用户可以在【动作】面板中创建动作组，对动作进行分类管理。

新建或打开一个图像文件，选择【窗口】|【动作】命令，打开【动作】面板，单击面板下方的【创建新组】按钮 ▭，打开【新建组】对话框，输入动作组的名称，如图11-2所示。

然后单击【确定】按钮，即可在【动作】面板中创建一个新动作组，如图11-3所示。

图 11-2 【新建组】对话框

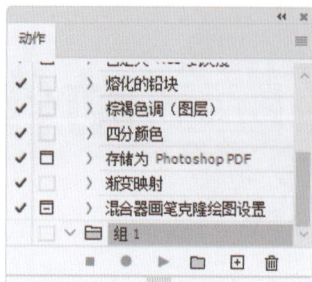

图 11-3 新建动作组

11.1.3 录制新动作

在【动作】面板中单击【创建新动作】按钮 ⊡，可以在所选动作组中创建新动作，以便记录操作的步骤。

👆【练习11-1】创建动作

步骤 01 打开"火焰.jpg"图像文件，如图11-4所示。

步骤 02 在【动作】面板下方单击【创建新动作】按钮 ⊡，打开【新建动作】对话框，设置好动作名称和动作所在的组，如图11-5所示。单击【记录】按钮，即可在所选组中创建新的动作，如图11-6所示，同时开始录制操作步骤。

图 11-4 素材图像

图 11-5 【新建动作】对话框

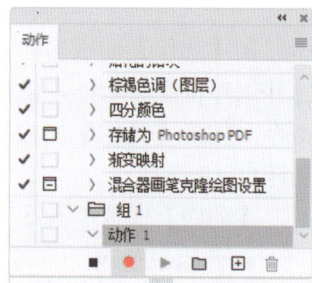

图 11-6 创建新动作

步骤 03 选择【图像】|【调整】|【亮度/对比度】命令，打开【亮度/对比度】对话框，适当增加图像的亮度和对比度，如图11-7所示。单击【确定】按钮，得到的图像效果如图11-8所示。

步骤 04 【动作】面板将记录下调整亮度/对比度的动作，如图11-9所示。完成图像的处理后，单击【停止播放/记录】按钮 ■，即可结束动作的录制。

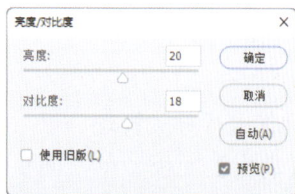

图 11-7 调整亮度 / 对比度

图 11-8 图像效果

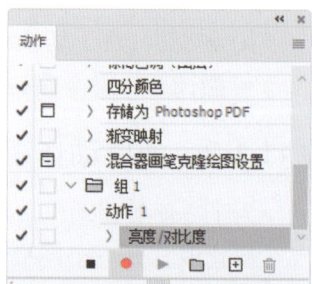

图 11-9 记录动作

11.1.4　播放动作

在录制并保存对图像进行处理的操作过程后，即可将该动作应用到其他图像中。用户也可以直接播放【动作】面板中预设的动作，将对应的操作应用到当前图像上。

【练习11-2】选择并播放动作

步骤 01　打开"宠物.jpg"图像文件，如图11-10所示。

步骤 02　在【动作】面板的动作列表中选择需要应用到该图像上的动作(如【木质画框-50像素】)，如图11-11所示。

步骤 03　在【动作】面板下方单击【播放选定的动作】按钮 ▶，即可将所选动作应用到当前图像上，播放动作后的图像效果如图11-12所示。

图 11-10　素材图像　　　　图 11-11　选择动作　　　　图 11-12　播放动作后的效果

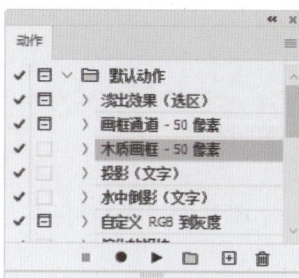

11.1.5　保存动作

对于用户自己创建的动作将暂时保存在Photoshop的【动作】面板中，在每次启动Photoshop后即可使用。如不小心删除了动作，或重新安装了Photoshop，则用户手动制作的动作将消失。因此，应将这些已创建好的动作以文件的形式进行保存，需使用时再通过加载文件的形式载入【动作】面板中。

选定要保存的动作，单击【动作】面板右上角的 ≡ 按钮，在弹出的菜单中选择【存储动作】命令，如图11-13所示，在打开的【另存为】对话框中指定保存位置和文件名，如图11-14所示，完成后单击【保存】按钮，即可将动作以.ATN文件格式进行保存。

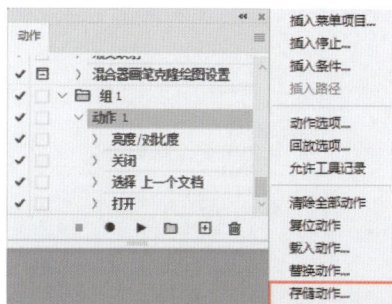

图 11-13　选择【存储动作】命令　　　　　　图 11-14　保存动作

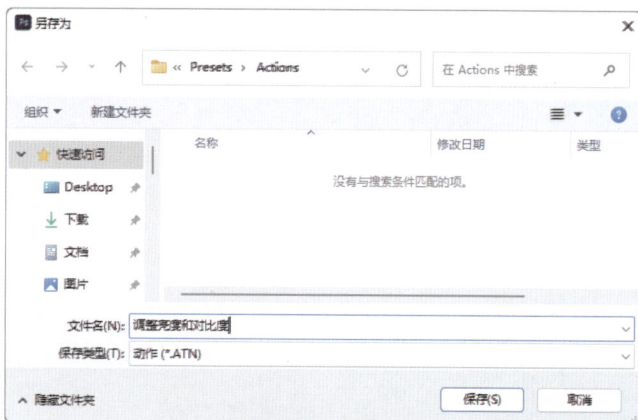

11.1.6　载入动作

如果需要载入保存在计算机中的动作，可以单击【动作】面板右上角的菜单按钮▤，在弹出的菜单中选择【载入动作】命令。在打开的【载入】对话框中选择要载入的动作，然后单击【载入】按钮，如图11-15所示，即可将其载入【动作】面板中。

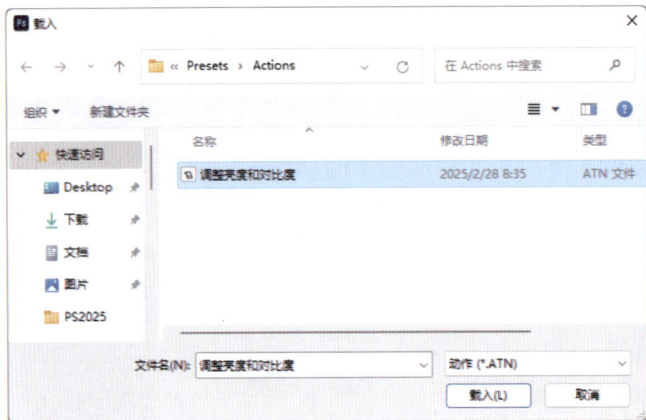

图 11-15　载入动作

11.2　批处理图像

Photoshop的批处理功能允许用户对一个文件夹中的所有文件(包括子文件夹中的文件)进行批量处理，并自动执行预设的动作。通过使用动作批处理文件，用户可以自动化完成一系列操作步骤，从而节省大量时间，显著提高图像处理的效率。

🖼️【练习11-3】批处理图像

步骤 01 在计算机中创建两个文件夹，一个用于存储批处理后的图像，一个用于放置需要处理的图片，如图11-16所示。

步骤 02 打开【动作】面板，并将【纹理】动作组载入面板中，然后选择【羊皮纸】动作，如图11-17所示。

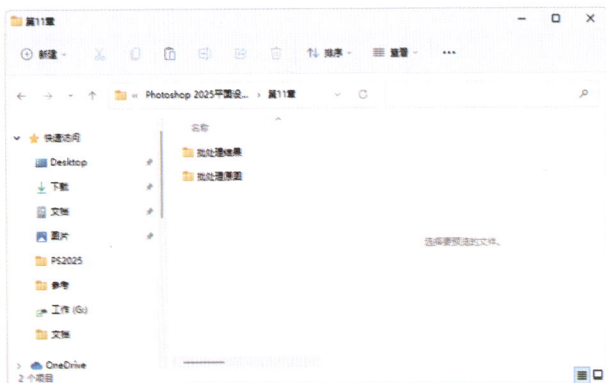

图 11-16　创建文件夹

图 11-17　选择动作

步骤 03 选择【文件】|【自动】|【批处理】命令，打开【批处理】对话框，如图11-18所示。

图 11-18　【批处理】对话框

【批处理】对话框中常用选项的作用如下。

- 【组】：在该下拉列表框中可以选择所要执行的动作所在的组。
- 【动作】：选择所要应用的动作。
- 【源】：用于选择批处理图像文件的来源。
- 【目标】：用于选择处理文件的目标。选择【无】选项，表示不对处理后的文件做任何操作；选择【存储并关闭】选项，可将文件保存到原来的位置，并覆盖原文件；选择【文件夹】选项，并单击下面的【选择】按钮，可选择目标文件所保存的位置。
- 【文件命名】：在【文件命名】选项区域中的下拉列表框中，可以指定目标文件生成的命名规则。
- 【错误】：在该下拉列表框中可指定出现操作错误时的处理方式。

步骤 04 在【批处理】对话框中单击【源】选项下方的【选择】按钮，在弹出的对话框中选择需要处理的图片所在的文件夹，如图11-19所示。

图 11-19　选择【源】文件夹

步骤 05 单击【目标】右侧的下拉按钮，在其下拉列表中选择【文件夹】选项，然后单击【选择】按钮，选择批处理后保存图片的文件夹，如图11-20所示。

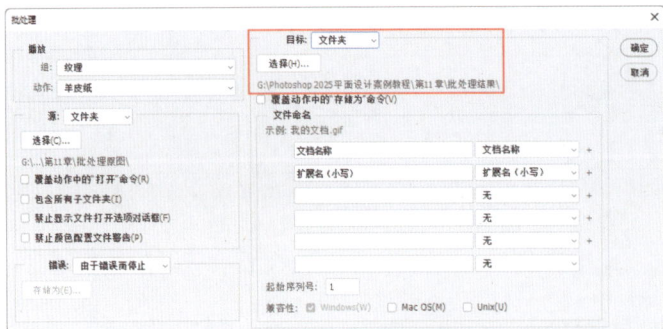

图 11-20　设置【目标】文件夹

步骤 06 完成批处理设置后，单击【确定】按钮，Photoshop 将自动处理文件并逐一保存。处理完成后，打开存储批处理结果的文件夹，即可查看所有已处理的文件，如图11-21所示。

图 11-21　批处理后的文件

11.3　图像输出

图像输出是设计流程的最后一步，确保图像以最佳质量和格式呈现。设计完成后，Photoshop可以将图像输出为多种格式，以便在不同的平台上进行使用。

选择【文件】|【导出】|【导出为】命令，打开【导出为】对话框，可以在其中设置图像的导出格式(包括常见的JPEG、PNG、GIF格式)和图像大小等参数，如图11-22所示。用户也可以选择【图层】|【拼合图像】命令，先对设计好的图像进行拼合，然后选择【文件】|【存储为】命令，打开【存储为】对话框，在该对话框中可以选择更多的格式类型，包括适用于印刷的TIFF和PDF格式，如图11-23所示。

图 11-22　设置导出参数

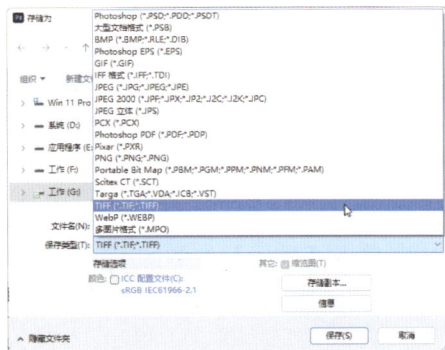

图 11-23　选择存储格式

11.4 图像打印

设计完成后，若需将图像呈现在纸张上，接下来便是打印图像。选择【文件】|【打印】命令，打开【Photoshop打印设置】对话框，在该对话框中可以选择打印机、设置打印份数等，如图11-24所示。单击【打印设置】按钮，可以在打开的属性对话框中设置纸张的方向，如图11-25所示，单击【高级】按钮，可以在打开的高级选项对话框中设置纸张大小和打印份数，如图11-26所示。

图 11-24　设置打印机和份数

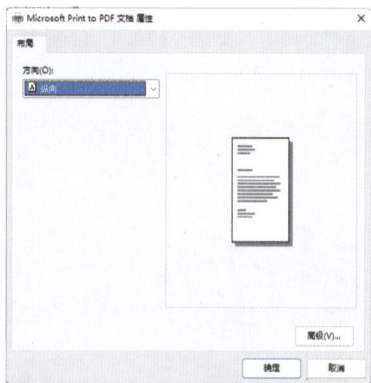

图 11-25　设置纸张方向

图 11-26　设置纸张大小和打印份数

11.5 课堂案例

本节将练习快速将一张普通图像制作成下雪的效果，首先要选择所需的动作，然后对该动作进行播放，即可得到相应的效果。本例的最终效果如图11-27所示。

图 11-27　制作下雪效果

本案例的具体操作步骤如下。

步骤 01 打开"丹顶鹤.jpg"素材图像，选择【窗口】|【动作】命令，打开【动作】面板，如图11-28所示。

步骤 02 单击【动作】面板右上方的菜单按钮 ≡，在弹出的菜单中选择【图像效果】命令，如图11-29所示，在【动作】面板中将添加【图像效果】动作组。

图 11-28　打开素材图像

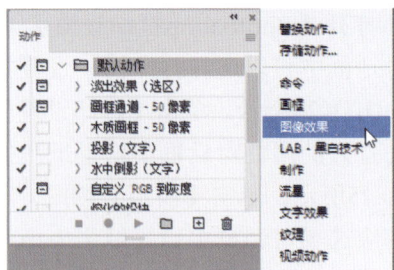

图 11-29　选择【图像效果】命令

步骤 03 选择【暴风雪】动作，单击【动作】面板底部的【播放选定的动作】按钮 ▶，如图11-30所示，将自动对图像进行编辑，得到如图11-31所示的暴风雪效果。

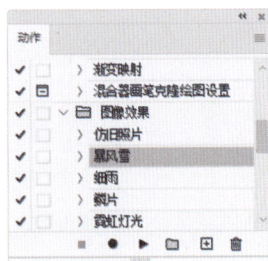

图 11-30　播放动作

图 11-31　图像效果

第 12 章 综合案例

在前面的章节中，我们已经系统地学习了Photoshop的基础操作、选区技巧、色彩调整、文字处理、路径绘制、图层管理以及滤镜应用等核心知识。然而，对于初学者来说，将这些知识融会贯通并应用于实际设计项目中，仍然是一个挑战。本章将通过两个典型的综合案例——外卖App首页设计与企业贺岁海报设计，带领大家将所学知识付诸实践。通过这些案例的详细讲解，读者可以逐步掌握如何在实际工作中灵活运用Photoshop的各项功能，提升设计能力，并为未来的设计工作奠定坚实的基础，从而轻松应对复杂的设计任务。

12.1 外卖 App 首页设计

1. 案例效果

本例将学习绘制外卖App首页设计图的方法，请打开"外卖App首页展示效果.psd"图像文件，查看本例的最终效果，如图12-1所示。

2. 案例分析

App首页的设计要求结构清晰、易于导航，通过合理的板块划分和视觉层次突出核心功能与广告内容，使用统一的图标风格和醒目的文字样式(如投影、渐变等)增强视觉吸引力，同时选择合适的背景颜色或图片确保整体界面美观、操作便捷，最终为用户提供流畅且直观的使用体验。在绘制本例的过程中，关键步骤和注意事项如下。

(1) 划分板块区域

在图像中绘制多个矩形，划分出首页的功能板块

图 12-1　外卖 App 首页展示效果

布局。确保结构清晰、易于导航，用户能够快速找到所需内容。

(2) 设计主广告区域

主广告区域应突出促销活动或推荐内容，吸引用户注意力。用户可以通过添加【图层样式】制作特殊效果来增强视觉冲击力，或使用醒目的颜色和对比度，确保广告内容在页面中脱颖而出。

(3) 绘制功能图标

设计与功能相关的图标，保持风格统一，符合整体视觉设计。通过调整图标的大小和位

置，确保用户操作便捷且界面美观。图标应简洁明了，易于识别。

(4) 选择背景图片或颜色

选择合适的背景图片或颜色，确保广告内容清晰醒目，并设置不同的大小和位置，制作出App中各内容链接入口，确保用户能够轻松点击进入。

3. 操作过程

根据对本例外卖App首页设计的制作分析，可以将其分为绘制板块与图标、首页主广告和添加商品与文字3个主要内容。具体操作如下。

12.1.1　绘制板块与图标

步骤 01 选择【文件】|【新建】命令，打开【新建文档】对话框，然后输入文件名为"外卖App首页设计"，设置【宽度】为1020像素、【高度】为1920像素，如图12-2所示，单击【创建】按钮。

步骤 02 选择工具箱中的【矩形选框工具】▢，在图像上方绘制一个矩形选区。设置前景色为橘黄色(R247,G201,B77)，然后按Alt+Delete组合键填充选区，效果如图12-3所示。

步骤 03 在图像下方绘制一个矩形选区，填充为淡黄色(R255,G244,B213)，效果如图12-4所示。

图 12-2　新建文档　　　　图 12-3　绘制上方矩形　　　图 12-4　绘制下方矩形

步骤 04 新建一个图层，使用【椭圆选框工具】◯在图像左上方绘制几个相同大小的圆形选区，然后填充为白色。再使用【横排文字工具】T.输入时间和电量文字，设置字体为【黑体】，效果如图12-5所示。

步骤 05 打开"图标1.psd"素材图像，使用【移动工具】✛将Wi-Fi和电池图标拖动到当前编辑的图像中，分别将图标放到画面上方的圆形和文字右侧，效果如图12-6所示。

图 12-5　创建圆和文字　　　　　　　　　　图 12-6　添加素材图像

步骤 06 下面绘制搜索框。使用【横排文字工具】T.在图像左侧输入文字"南区"，设置字体为【黑体】，填充为白色。然后选择【钢笔工具】⌀，在属性栏中设置工具模式为【形状】，设置描边为白色、大小为2像素，在"南区"文字右侧绘制一个箭头符号，如图12-7所示。

步骤 07 选择【矩形工具】 ▭ ，在属性栏中设置填充为白色、描边为【无颜色】，再设置【半径】为80像素，绘制一个较大的圆角矩形，如图12-8所示。

图 12-7　创建文字和箭头

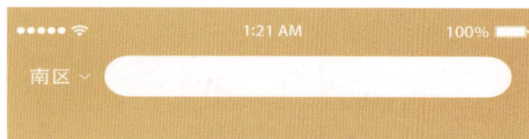

图 12-8　绘制圆角矩形

步骤 08 在圆角矩形中输入文字，填充为浅灰色，如图12-9所示。

步骤 09 打开"搜索.psd"素材图像，使用【移动工具】 ✛ 将搜索图标拖动到当前编辑图像中的搜索框内，效果如图12-10所示。

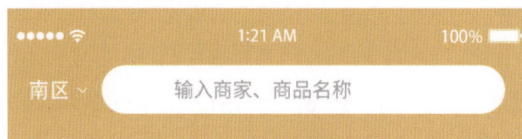

图 12-9　创建灰色文字

图 12-10　添加搜索图标

步骤 10 继续在搜索框下面绘制几个较小的白色圆角矩形，如图12-11所示，然后分别在圆角矩形中输入商品文字，效果如图12-12所示。

图 12-11　绘制小圆角矩形

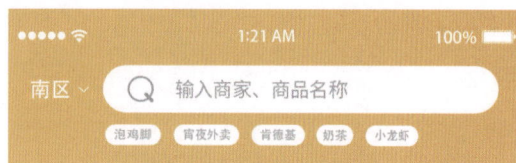

图 12-12　输入商品文字

步骤 11 打开"图标2.psd"素材图像，使用【移动工具】 ✛ 将图标拖动到当前编辑的图像中，并放在画面下方，效果如图12-13所示。

步骤 12 使用【横排文字工具】 Ｔ 在每一个图标下方输入相应的文字，分别填充为黑色和浅灰色，效果如图12-14所示。

图 12-13　添加素材图像

图 12-14　输入文字

12.1.2　绘制首页主广告

步骤 01 选择【矩形工具】 ▭ ，在属性栏中设置工具模式为【形状】、描边为【无颜色】、半径为70像素，然后绘制3个不同大小的圆角矩形，分别填充为白色、红色(R237,G53,B0)和橘黄色(R248,G143,B4)，效果如图12-15所示。

步骤 02 选择白色圆角矩形所在图层，选择【图层】|【图层样式】|【描边】命令，打开【图层

样式】对话框，设置描边颜色为淡黄色(R255,G241,B211)，设置其他参数如图12-16所示。

图 12-15　绘制圆角矩形

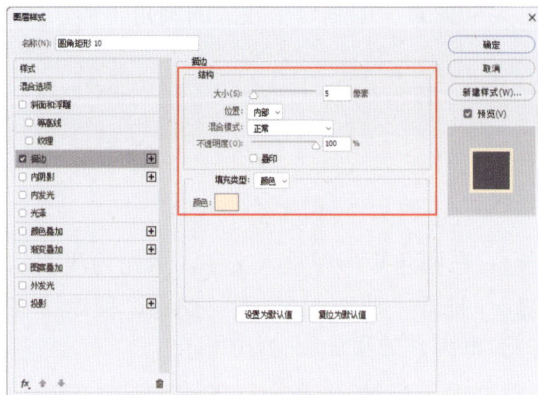

图 12-16　设置描边参数

步骤 03 在【图层样式】对话框左侧列表中选择【渐变叠加】样式，然后设置渐变的样式为【线性】，渐变颜色从橘黄色(R255,G172,B22)到橘红色(R251,G78,B18)，设置【角度】为-29度，如图12-17所示。单击【确定】按钮，完成图层样式的添加，效果如图12-18所示。

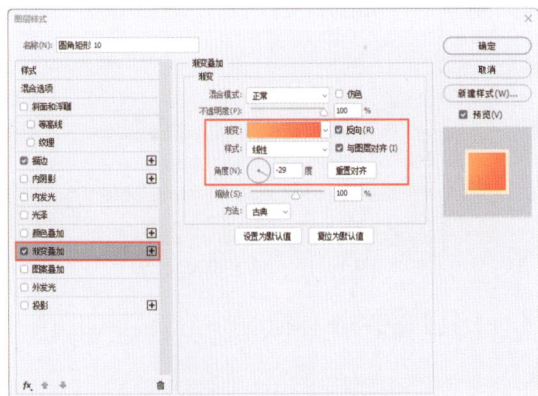

图 12-17　设置渐变叠加参数

图 12-18　图像效果

步骤 04 打开"食物1.psd"素材图像，使用【移动工具】✛将食物图像拖动到当前编辑的图像中，放在圆角矩形的左侧，效果如图12-19所示。

步骤 05 使用【横排文字工具】Ｔ输入文字，设置字体为【方正粗黑简体】、填充为白色、字形为【仿斜体】，效果如图12-20所示。

图 12-19　添加食物素材

图 12-20　输入文字

步骤 06 选择【图层】|【图层样式】|【描边】命令，打开【图层样式】对话框，设置描边的

填充类型为【渐变】、渐变颜色与圆角矩形的渐变叠加颜色相同、角度为90度，如图12-21所示。

步骤 07 在【图层样式】对话框左侧列表中选择【投影】样式，设置投影为深红色(R122,G23,B10)，其他参数如图12-22所示。

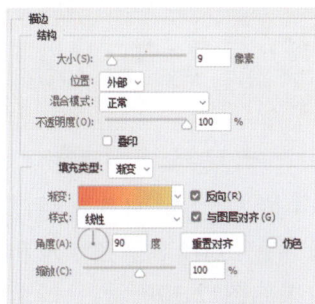

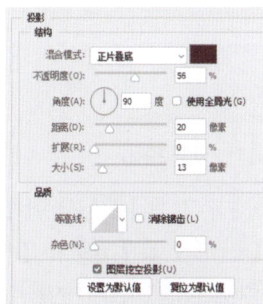

图 12-21　设置描边参数　　　　图 12-22　设置投影

步骤 08 单击【确定】按钮，得到添加图层样式后的文字效果，如图12-23所示。

步骤 09 新建一个图层，使用【椭圆选框工具】 ⬭ 在图像中绘制多个重叠的圆形选区，然后使用任意颜色进行填充，如图12-24所示。

图 12-23　文字效果　　　　图 12-24　绘制圆形

步骤 10 选择【图层】|【图层样式】|【描边】命令，打开【图层样式】对话框，设置描边为淡黄色，其他参数设置如图12-25所示。

步骤 11 在【图层样式】对话框左侧列表中选择【渐变叠加】样式，设置颜色从红色到橘红色，如图12-26所示。

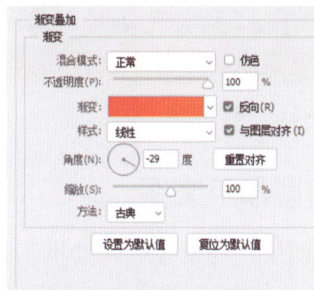

图 12-25　设置描边　　　　图 12-26　设置渐变叠加

步骤 12 在【图层样式】对话框左侧列表中选择【投影】样式，设置投影为深红色(R230,G27,B13)，设置其他参数如图12-27所示，然后单击【确定】按钮进行确认，图像效果如图12-28所示。

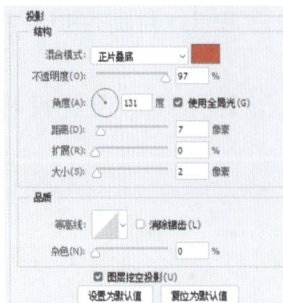
图 12-27　设置投影

图 12-28　图像效果

步骤 13 使用【横排文字工具】 **T.** 分别在各个圆形中输入文字，效果如图12-29所示。

步骤 14 下面使用【矩形工具】 □ 和【椭圆工具】 ○. 分别绘制圆角矩形和圆形，参照前面的操作，为圆角矩形和圆形添加相似的图层样式，效果如图12-30所示。

图 12-29　在圆内输入文字

图 12-30　绘制图形

步骤 15 使用【横排文字工具】 **T.** 在右方圆形中输入文字"抢"，设置字体为【方正兰亭特黑简体】、字形为【仿斜体】，效果如图12-31所示，然后在下方圆角矩形中输入优惠文字内容，设置字体为【黑体】，效果如图12-32所示。

图 12-31　输入文字"抢"

图 12-32　输入优惠文字

12.1.3　添加商品与文字

步骤 01 新建一个图层，使用【椭圆选框工具】 ○. 绘制多个相同大小的圆形选区，分别填充为不同的颜色，并参照如图12-33所示的效果进行排列。

步骤 02 打开"图标3.psd"素材图像，使用【移动工具】 ✛ 将其中的图标拖动到当前编辑的图像中，放在各圆形图像中，如图12-34所示。

步骤 03 使用【横排文字工具】 **T.** 在各个圆形下方输入对应的文字内容，如图12-35所示。

图 12-33　绘制圆形　　　　图 12-34　在圆形内添加图标　　　图 12-35　添加图标下方的文字

步骤 04 选择【矩形工具】 ▢，在属性栏中设置填充为灰色、半径为20像素，在下方板块中绘制两个灰色圆角矩形，如图12-36所示。

步骤 05 打开"食物2.jpg"和"食物3.jpg"素材图像，分别将其拖动到当前编辑的图像中，如图12-37所示，然后通过创建剪贴蒙版操作分别将其放到灰色圆角矩形中，如图12-38所示。

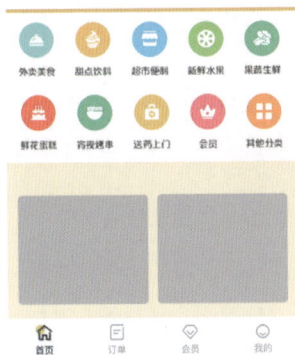

图 12-36　绘制圆角图形　　　图 12-37　添加素材图像　　　图 12-38　剪贴蒙版效果

步骤 06 使用【钢笔工具】 ✎，在两幅食物图像上方分别绘制一个不规则图形，再分别填充为橘红色(R254,G59,B22)和蓝色(R10,G130,B232)，并适当降低该图层的不透明度，效果如图12-39所示。

步骤 07 在两幅食物图像下方再分别绘制一个白色圆角矩形，并适当降低该图层的不透明度，效果如图12-40所示。

步骤 08 使用【横排文字工具】 T，在各个图形中分别输入说明文字，效果如图12-41所示。

图 12-39　绘制不规则图形　　　图 12-40　绘制圆角矩形　　　图 12-41　输入说明文字

步骤 09 使用【横排文字工具】 **T**.在下方板块中输入"今日推荐"标题文字和"更多"文字，再使用【钢笔工具】 *∅*.在"更多"文字右方绘制一个箭头，完成外卖App首页设计，效果如图12-42所示。

步骤 10 选择最上方图层，然后按Alt+Ctrl+Shift+E组合键在最上方创建盖印图层，如图12-43所示。

步骤 11 打开"手机.jpg"素材图像，将制作好的图像中的盖印图层拖动过来，置入到手机界面图像中，得到展示效果，如图12-44所示。

图 12-42　首页设计效果　　图 12-43　创建盖印图层　　图 12-44　展示效果

12.2　企业贺岁海报

1. 案例效果

本例将学习绘制企业贺岁海报的方法，请打开"企业贺岁海报.psd"图像文件，查看本例的最终效果，如图12-45所示。

2. 案例分析

企业贺岁海报的设计要求突出节日喜庆氛围，同时融入企业品牌元素，使用红色、金色等传统节日色彩搭配品牌色，结合春节相关图案(如灯笼、烟花等)，通过清晰的排版和高级的视觉效果传递节日祝福，确保内容简洁醒目、风格统一，兼具节日气氛。在绘制本例的过程中，关键步骤和注意事项如下。

(1) 选择背景颜色或图案

选择符合贺岁主题的背景颜色(如红色、金色等)或图案(如烟花、灯笼、祥云等)，营造节日氛围。同时要确保背景色调清晰高级，避免过于杂乱，影响文字和元素的呈现。

图 12-45　企业贺岁海报

(2) 添加节日相关元素

添加与节日相关的装饰元素(如灯笼、福字、烟花、祥云等)，增强视觉效果。

(3) 调整素材图像的亮度和对比度

通过调整素材图像的亮度、对比度和饱和度，确保整体色调清晰、明亮且富有层次感。

(4) 设计主标题和副标题

确定海报的主标题和副标题，选择符合节日氛围的字体，可以为文字添加合适的样式。

(5) 合理安排文字

根据海报的整体布局，合理安排文字的位置，要避免与其他元素(如图片、图标等)冲突。可以使用对比色或特效(如发光、渐变)突出文字内容，确保其清晰可见。

(6) 添加文字并进行排列

添加其他必要的文字内容(如时间、祝福语等)，并进行合理排列。

3. 操作过程

根据对本案例企业贺岁海报的制作分析，可以将其分为制作贺岁背景和文字排版设计两个主要内容。具体操作如下。

12.2.1　制作贺岁背景

步骤 01 选择【文件】|【新建】命令，打开【新建文档】对话框，然后输入文件名为"企业贺岁海报"，设置【宽度】为50厘米、【高度】为70厘米，单击【创建】按钮，如图12-46所示。

步骤 02 打开"城市.jpg"素材图像，使用【移动工具】➕将城市图像拖动到新建图像中，放在画面上方，效果如图12-47所示。

步骤 03 新建一个图层，使用【多边形套索工具】☑在画面底部绘制一个梯形选区，填充为白色，效果如图12-48所示。

图 12-46　新建文档　　　图 12-47　添加素材图像　　　图 12-48　绘制梯形

步骤 04 打开"红色背景.jpg"素材图像，使用【移动工具】➕将红色背景拖动到当前编辑的图像中，然后选择【图层】|【创建剪贴蒙版】命令，创建剪贴蒙版，如图12-49所示，从而隐藏超出梯形以外的图像，效果如图12-50所示。

步骤 05 打开"烟花.jpg"素材图像，使用【移动工具】 将其拖动到当前编辑的图像中，放在画面上方，效果如图12-51所示。

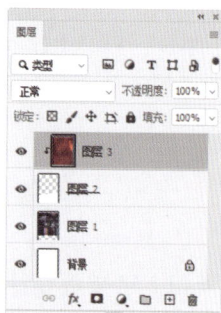

图 12-49　创建剪贴蒙版　　图 12-50　剪贴蒙版效果　　图 12-51　添加烟花图像

步骤 06 选择【画笔工具】 ，在属性栏中单击【切换"画笔设置"面板】按钮 ，打开【画笔设置】面板，设置画笔为尖角，并适当设置画笔大小和间距参数，如图12-52所示。

步骤 07 在【画笔设置】面板左侧列表中选择【形状动态】选项，然后设置【大小抖动】为100%，如图12-53所示；再选择【散布】选项，设置【散布】参数为932%，如图12-54所示。

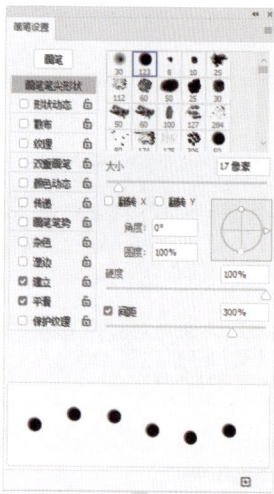

图 12-52　设置画笔笔尖　　图 12-53　设置大小抖动　　图 12-54　设置散布参数

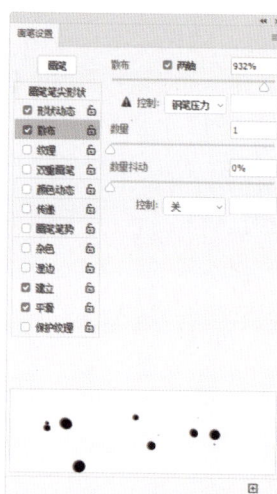

步骤 08 设置好画笔样式后，设置前景色分别为白色和淡黄色，在夜景上空图像中绘制多个圆点进行点缀，效果如图12-55所示。

步骤 09 选择【椭圆工具】 ，在属性栏中设置工具模式为【形状】，填充为橘黄色(R237,G151,B88)，然后在画面下方绘制一个圆形，如图12-56所示。

步骤 10 单击【图层】面板底部的【创建图层蒙版】按钮 ，然后对橘色圆形进行线性渐变填充，效果如图12-57所示。

216

图 12-55　绘制圆点　　　　图 12-56　绘制圆形　　　　图 12-57　添加渐变图层蒙版

步骤 11 选择【矩形工具】　，在圆形下方绘制一个橘黄色矩形，效果如图12-58所示。

步骤 12 单击【图层】面板底部的【创建图层蒙版】按钮　，对矩形进行线性渐变填充，得到抽象的文字"2"，效果如图12-59所示。

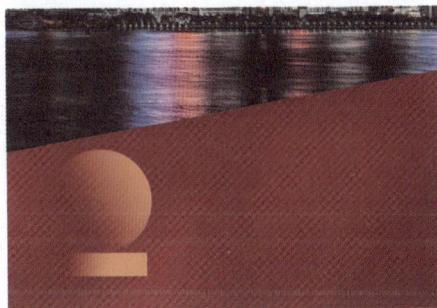

图 12-58　绘制矩形　　　　　　　　图 12-59　添加渐变图层蒙版

步骤 13 继续绘制多个圆形和矩形，并对其添加渐变图层蒙版，得到艺术文字"2025"，效果如图12-60所示。

步骤 14 选择艺术文字"2025"所有形状图层，按Ctrl+G组合键将其合成一个图层组，并将其重命名为"圆"，设置该图层组的不透明度为48%，如图12-61所示，此时的图像效果如图12-62所示。

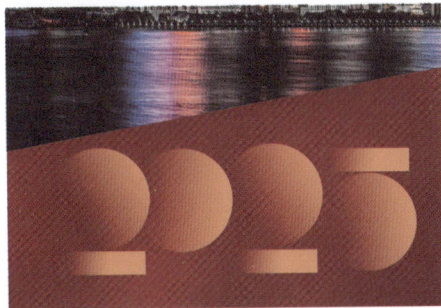

图 12-60　绘制其他图形　　　　图 12-61　设置不透明度　　　　图 12-62　图像效果

步骤 15 选择【图层】|【新建调整图层】|【色阶】命令，打开【属性】面板，调整直方图下方中间的滑块，增强画面整体对比度，如图12-63所示。

步骤 16 选择【图层】|【新建调整图层】|【亮度/对比度】命令，在【属性】面板中适当增加图像的亮度和对比度，如图12-64所示，调整后得到的图像效果如图12-65所示。

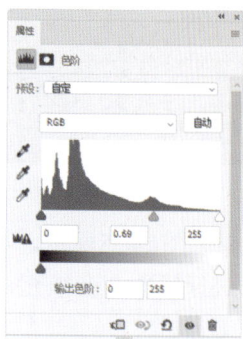

图 12-63　调整色阶　　　图 12-64　调整亮度和对比度　　　图 12-65　图像效果

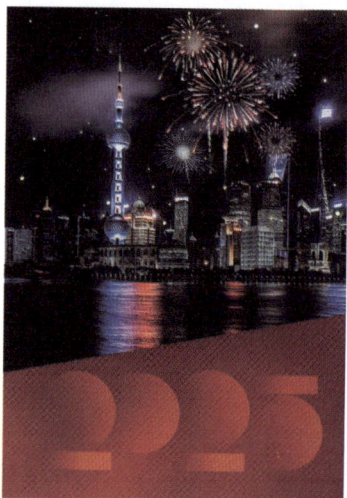

12.2.2　文字排版设计

步骤 01 打开"新年文字.psd"素材图像，使用【移动工具】 ⊕ 将其拖动到当前编辑的图像中，效果如图12-66所示。

步骤 02 选择【图层】|【图层样式】|【描边】命令，打开【图层样式】对话框，设置【大小】为2像素、颜色为红色(R198,G63,B41)，其他参数设置如图12-67所示。

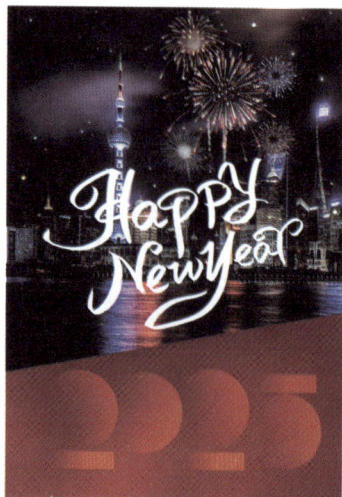

图 12-66　添加文字　　　　　　　图 12-67　设置描边样式

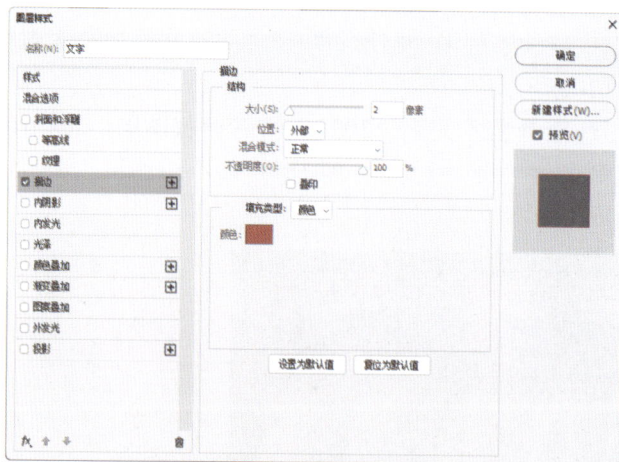

步骤 03 在【图层样式】对话框左侧列表中选择【投影】样式，设置投影颜色为橘黄色(R255,G148,B76)，其他参数设置如图12-68所示。单击【确定】按钮，添加图层样式后的文字效果如图12-69所示。

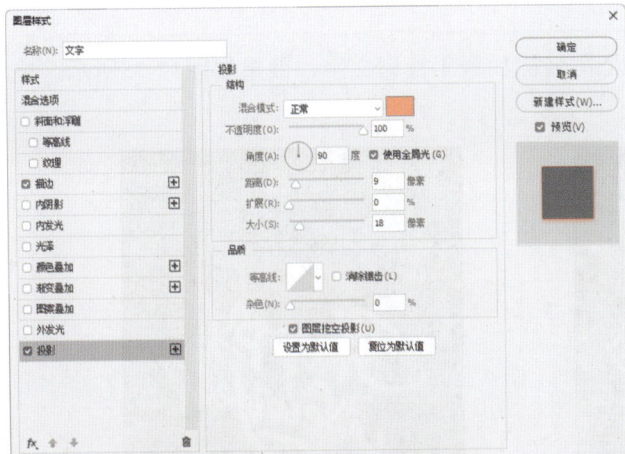

图 12-68　设置投影样式

图 12-69　添加图层样式后的效果

步骤 04 使用【横排文字工具】 **T** 在画面下方输入大写拼音文字，填充为橘黄色(R255,G148,B76)，效果如图12-70所示。

步骤 05 单击【图层】面板底部的【创建图层蒙版】按钮 ■，然后对文字进行线性渐变填充，隐藏部分文字，效果如图12-71所示。

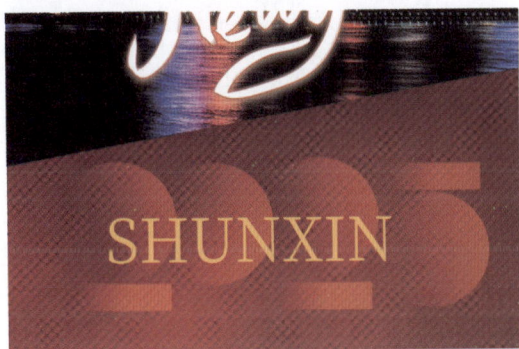

图 12-70　输入拼音文字

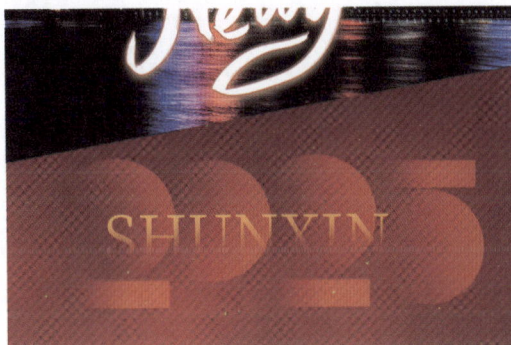

图 12-71　添加线性渐变图层蒙版

步骤 06 参照如图12-72所示的效果，输入中文祝福文字，并填充为白色。

步骤 07 在文字"心"上方输入一行英文和数字，填充为橘黄色(R255,G148,B76)，效果如图12-73所示。

图 12-72　输入祝福文字

图 12-73　输入英文和数字

步骤 08 在画面底部输入一行祝福文字，填充为白色，设置字体为【方正行楷简体】，效果如图12-74所示。

步骤 09 在画面顶部左右两侧分别输入公司名称和新年祝词文字，效果如图12-75所示，完成本案例的制作。

图 12-74　输入下方祝福文字

图 12-75　完成效果